科学技術社会論の挑戦

1

科学技術社会論とは何か

The Challenge of STS 1
(Science and Technology Studies/ Science, Technology and Society)

What is this thing called STS?

責任編集: **藤垣裕子**
協力編集: **小林傳司／塚原修一／平田光司／中島秀人**

東京大学出版会

The Challenge of STS（Science and Technology Studies/
Science, Technology and Society）1

What is this thing called STS?

Yuko FUJIGAKI, editor
University of Tokyo Press, 2020
ISBN 978-4-13-064311-5

刊行にあたって

　科学技術と社会との接点に生起する問題は日々更新されている．2011 年東日本大震災直後は，原子力発電所の安全性をどう確保するか，将来のエネルギー選択をどうするか，災害にどう対処するかに焦点があたった．2020 年現在であれば，人工知能研究への社会からのコントロールはどこまで必要か，iPS 細胞を用いた遺伝子治療で「速く走れる人」をつくってもいいか，気候工学は倫理的に許されるか，などが問題となろう．

　現代の日本が抱える課題群は，科学技術を抜きには考えられない．しかし同時に，科学知や技術知だけでも解決できない社会の諸側面の課題が多くある．それらにどう対処するか．そのために参考となる考え方を提起するのが，科学技術社会論（Science and Technology Studies または Science, Technology and Society: STS）である．この学問分野では，科学と技術と社会とのインターフェイスに発生する問題について，社会学，人類学，歴史学，哲学，政治学，経済学，および科学計量学，科学技術政策論などの方法論を用いて探究を行っている．伝統的な専門領域に拘束されずに学際的にアプローチし，知識論，政策論，技術の使用と発展，科学の公共理解，科学コミュニケーションなどの研究を展開している．

　たとえば科学技術社会論の知見のなかには「現実（このなかには既存技術を含む）を所与としてとらえるのではなく，人びとの選択のつみ重ねの結果今のものになった」ことを例示する研究群がある．この考え方を日常の思考や科学技術系審議会での議論や高等教育の場面などに応用すると，どのような展望が開けるだろうか．あるいは，「技術のもつ意味は設計者が意図したもの 1 つに定まるのではなく，使い手のグループによって異なる形で解釈される」という先行研究群がある．この考え方をさまざまな技術の安全性論争に応用すると，どのような視点がみえてくるだろうか．さらに，「科学と非科学の境界を人びとが引こうとする作業（境界画定作業）」という視点から研究不正問題をとらえると，問題の見え方はどう変わるだろうか．

　以上のように現代の日本の課題を考えるうえで，ともすると固定しがちな科学技術へのとらえ方を解きほぐし，未来に向けて社会との関係をより建設的に構築するための示唆を提供するのがこのシリーズの目的である．科学技術と社会の課題や科学コミュニケーション，市民参加に興味をもつ読者，科学技術ガバナンスに興味をもつ科学技術政策関係者，そして科学技術と社会を考える教育に興味をもつ教育関係者などに開かれている．

はじめに

　科学技術社会論（Science and Technology Studies または Science, Technology and Society: STS）とは何だろうか．科学と技術と社会のインターフェイスに発生する問題について，人文・社会科学の方法論を用いて探究する学問である．たとえば，哲学からは，「科学と呼ばれているものは何なのか」「真実とは何か」，社会学からは「社会は科学技術研究のプロセスにどのような影響を与えるのか」，歴史学からは「真実と呼ばれるものは各時代でどのようにとらえられてきたのか」，倫理学からは「科学者の社会的責任，技術者の社会的責任とは何か」，政治学からは「科学と民主主義の関係とは」といった問いが提起される．

　科学技術社会論はこれらの問いを探究していくのであるが，それだけではない．探究しながら，同時に「つなぐ」「こえる」「動く」ことを行っている．

　「つなぐ」とは，科学技術研究の現場と社会とをつなぐ，自然科学や技術の分野と人文・社会科学分野をつなぐ，研究者と市民との間をつなぐ，といったことを指す．実際STSの課題は，分野と分野の間の隙間，各組織の所掌範囲の隙間，いままで交流がなかった集団同士の隙間に発生することが多く，それらをつなぐことが課題となることが多い．たとえば科学技術のELSI（Ethical, Legal and Social Issues）は，先端科学技術が社会に埋めこまれるときの倫理・法的・社会的含意を考えることであるが，それらを各利害関係者（研究者，市民，政策決定者，産業界，NPO などの第3セクター）とともに考えるには，科学技術研究の現場と社会とをつなぐと同時に，自然科学や技術の分野と人文・社会科学分野をつなぎ，研究者と市民との間や研究者と産業間の間をつなぐことが必要となる．

　「こえる」とは，学問分野の境界をこえて課題に対処する，組織の壁をこえて問題に対処することを意味する．たとえば東日本大震災直後の原発事故を考えたとき，東京電力の担当者を糾弾するだけで問題は解決するだろうか．

「Aという組織がXをしたから，けしからん」と組織を攻撃し，組織外の人びとが事故や災害を他人事と考えている限り，問題は解決しない．組織や制度をどう変えれば今後問題を防げるのかをともに考えること，どのようにシステムを再編すれば日本が世界のなかで責任を果たしているとみなされるかを考えることが必要だろう．その場合，組織外の人びとも他人事ではすまされない．新しい制度化への議論の参加が必須となる．そのとき，次の「動く」が重要となる．

「動く」とは，たとえば組織や制度をどう変えれば今後の問題を防ぐことができるのかをともに考える場を設計し運営することである．環境問題に対処するための市民ワークショップを開催する，AIの倫理を考えるための市民ワークショップを運営する，遺伝子組換え食品やゲノム編集作物の安全性を考えるための市民ワークショップを企画する，なども考えられるだろう．

本シリーズは，以上のような特徴をもつ科学技術社会論の研究と実践をわかりやすく伝えるためにつくられている．シリーズは3巻からなり，本書はその第1巻である．この分野の学としての成り立ちや現実の課題群を概説することを目的としている．第2巻は，より個別具体的な課題ごとの解説を目的とし，第3巻はより方法論に焦点をあてた解説を行っている．

さて，STSという学問分野はどのように成立したのだろうか．また，上記の「つなぐ」「こえる」「動く」を行うための場（フォーラム）はどのように設計可能だろうか．そして，そのフォーラムはどうあるべきか．通常の研究分野のような論文による業績評価は，ときに「つなぐ」「こえる」「動く」の障壁となることがある．それではSTSにおける業績評価と実践はどのように両立可能か．同時に，このような問題提起は，既存の研究分野にどのような自省をせまるのか．こういった簡単に答えられない問いに正面からたち向かっているのが第1章である．STS関連の学会は，1976年に米国を中心に4S（Society for Social Studies of Science），1981年に欧州でEASST（European Association for the Study of Science and Technology）が設立され，2001年に日本の科学技術社会論学会が設立された．第1章の著者は，この日本の学会の初代会長である．

続く第2章では，われわれの日常で生起する問題にSTSの考え方を応用

すると，目の前の問題の見え方がどのように変わるかを解説する．そして，ともすると固定しがちな科学技術へのとらえ方を解きほぐす．このような認識論的なアプローチは，上記のような「つなぐ」「こえる」「動く」を設計するための第一歩となり，未来に向けて社会との関係をより建設的に構築するための土台となる．

　第3章では，とくに技術に焦点をあてた考え方を紹介する．技術はすべての社会に普遍的なものか（技術決定論），それとも社会や文化の特徴によって異なる展開をみせるものだろうか（社会構成論）．また，技術，テクノロジー，エンジニアリング，工学という言葉はそれぞれどのように異なるのだろうか．本章では，日本における労働手段体系説と意識的適用説の論争や，技術の制御可能性，価値中立性の議論をふまえたうえでの技術決定論および社会構成論がレビューされ，用語ごとの概念整理も行われている．

　さらに第4章では，イノベーション論を概説する．近年，イノベーションによる経済発展への期待は増大し，内閣府の総合科学技術会議も，2014年に総合科学技術イノベーション会議と名前が変更された．実は1960年代にSTSという分野が産声をあげたとき，イノベーション研究とSTS研究とは，重なり合う研究者群によって行われていた．本章では，両者の研究の交流について，マーティンの論文を中心に歴史的な展望がまとめられていると同時に，現代の両者の接点について，市民参加，ユーザーイノベーションと市民科学，そして期待論の側面から論じられている．

　第5章では，日本および世界の科学技術政策の動向を扱う．科学技術政策という概念が国際的に共有されるプロセスを描き，これまでの政策史を概観する．第4章で用いたマーティンの論文やSTSハンドブックが再度登場するが，同じ論文やハンドブックを扱っても，イノベーション研究の視点からみた場合と政策研究の視点からみた場合でどのように見方が異なるかを考えるうえでも示唆的である．さらに，科学技術政策を，科学技術と政策との境界画定作業（もともと境界があったのではなく，人びとが境界をひこうとする）としてとらえ，政策決定集団を境界物（バウンダリーオブジェクト）としてとらえる方法は，今後政策研究を考えるうえでの示唆を与える．また，イノベーションを公的に支援して促進する結果，富の配分の不均衡がおこる

という点の指摘などは，当分野の今後の課題をはらんでいる．

第6章は，STSと高等教育政策の関係についてわかりやすく解説した章である．とくに日本の高等教育政策の特徴を，歴史的側面から，および他国との比較のなかでとらえることができる．大学はどうあるべきかの問いも展開されており，第1章の大学論についての問題提起と呼応している．またこのなかでは，STSの制度化について4つの形態（STSの教育は専門学科あるいはセンターで行われるべきという考え方，副専攻としてあるべきという考え方，科学者のカリキュラムのなかに組み込むべきという考え方，リベラルアーツ教育のなかに組み込むべきという考え方）が触れられている．

第7章は，東アジアSTSジャーナルでの豊富な編集経験をもつ著者により，欧州と東アジアのSTSの類似性と相違点について概観されている．東アジアとはどのように定義されるのか，そして東アジアSTSを文明論的にとらえるとはどういうことか．この章で扱われるのは，文化の固有性と理論の普遍性という広くて深い問題である．STSの理論はどこまでが普遍的なもので，どこまでが文化依存的なものなのか[1]．この問いを，ニーダムのテーゼや，この学問自体の文脈依存性の問題，あるいはラトゥールの問題提起に対する東アジアSTSジャーナルの初代編集者・傅氏のポジショニングをめぐる論点やその後の論争を描き出すことによって，具体的に考えさせる章である．

なお，編者らは2015年秋から本シリーズの構想をはじめたが，全体の章立ての構造および執筆者の選定は，協力編者である小林傅司氏，塚原修一氏，平田光司氏，中島秀人氏の各氏の協力によって行われた．とくに中島秀人氏からは，折に触れて適切なコメントをいただいた．また，東京大学出版会の丹内利香さんにも適宜適切な指摘をいただいた．ここに記して謝意を申し上げたい．本シリーズが，科学技術と社会の課題に関心をもつ人にとって何らかの道標になることを祈っている．

2020年初春　編者を代表して　藤垣裕子

1)　Fujigaki, Y. 2005: "Spotlight on Programs: The Science, Technology, and Society Program in Japan," *ASA-SKAT (American Sociology Association-Science, Knowledge, and Technology)*, Spring, 5.

目次

第1章　科学技術の論じ方

小林傳司

1. 「STS とは何か」という問い

　STS を日本語でどう表記するか．この問いは日本で STS 研究に取り組もうとした際に相当に議論された事柄の1つである．そもそも英語表記のほうも，Science, Technology, Society というものもあれば，Science and Technology Studies というものもあった．さらに，STS という表記ではないが，Social Studies of Science（and Technology）というものもある．日本での学会設立の際には，「科学技術社会論」という表記が採用されている．しかし，海外も含め「STS」という表記が一番のポピュラリティーを獲得しているといってよいであろう．

　このような表記問題が生じる理由の1つが，STS という学問（だと言い切っていいか自体が問題）の性質にある．たとえば伝統的なディシプリンとしての専門分野にみられるような，標準化された研究方法論や研究対象などが明確ではないといった特性を挙げることもできそうに思えるが，このような特性は学際的分野につきものであり，別に STS に限ったものではない．むしろ，学会，学術雑誌，教科書，大学における学科構成などの歴史的蓄積によってディシプリンの輪郭は明確になるものであるが，STS はそこに至っていないと考えたほうが，実情に合っている．とすれば，時の経過とともに，STS という表記は安定していくのかも知れない．

　次に，STS がいつ誕生したかという問いを考えてみよう．この問いは，何を STS とみなすかに依存しているという点で，少し厄介である．STS は学

問の歴史としては比較的新しいことは確かである．その前身は，科学史，科学哲学，科学社会学などの分野にさかのぼることができる．また大学における制度化の観点からすると，1960年代後半から欧米で拡充が広がる「科学史・科学哲学」科がSTSの揺りかごとなった．最初の学会は1975年設立のSociety for Social Studies of Science（4S）である（Turner 2008, 49）．「科学史・科学哲学」科という制度化に加えて，1970年前後に科学技術そのものあるいは社会の地殻変動が生じていたこと（小林 2004; 2007）がSTS誕生の引き金になったのである．

STSの揺りかごであった「科学史・科学哲学」科は学際性を標榜する分野の立ち上げを目指すものであった．科学哲学者ラカトシュの「科学史無き科学哲学は空虚であり，科学哲学無き科学史は盲目である」という言葉が示すように，歴史的事例を素材に科学についての哲学的な検討を行う，すなわち個別事例と一般的普遍的理論の結合，記述的アプローチと規範的アプローチの結合が目指されたのである．STSは明らかにこの学際的研究の系譜に属する．しかし「科学史・科学哲学」の場合と異なるのは，工学（技術）や医学を明確に視野に入れている点，それも現代の科学や工学（技術），医学を対象にすることが多い点であろう（中島 1991）．

しかし，これだけではSTSとは何かという問いへの回答としては不十分に感じる．そこで，次節では，STSの固有性は何かという問題を検討してみたい．

2. STSの固有性？

たとえば，日本へのSTS導入とその発展に大きな影響を与えた中島秀人は，かつて，「STSとは，科学技術の社会的側面についての人文・社会科学的な研究・教育である」と定義した（中島 1991, 268）．「社会的側面」と「人文・社会科学的」がポイントであろう．後者は学際性ということになるが，より重要なのは科学技術の「社会的側面」である．また，日本で2001年に設立された科学技術社会論学会では，次のような設立趣意書を掲げている[1]．

20世紀は，西欧に誕生した科学という知的営為が全世界に拡大するとともに，二度の世界大戦を通じて技術と結びつき，急速に発展した世紀であった．この科学技術とでも呼ぶべき営みは，その産物である膨大な製品やサービスの提供を通じて，豊かさを実現し，日常生活を根底から変容させるとともに，人々の意識のあり方や社会のあり方にも深い影響を及ぼしてきた．しかし，同時に，軍事技術はいうに及ばず，公害や薬害，各種の事故など科学技術に起因するさまざまな負の産物も生み出してきた．

　21世紀を迎え，自然環境に拮抗する人工物環境の拡大によって深刻化する地球環境問題，情報技術や生命技術の発展に伴う伝統的生活スタイルや価値観との相克など，社会的存在としての科学技術によって生じているさまざまな問題が，社会システムや思想上の課題として顕在化してきている．今や，われわれは，過去の経験に学びつつ，科学技術と人間・社会の間に新たな関係を構築することが求められているのである．

　今日の科学技術が巨大な営みとして，産業，政治，行政，教育，医療など社会の多様なセクターと密接な関わりを取り結んでいる以上，この「新たな関係」の構築のためには，人文・社会系の学問から，理学・工学・医学などの自然系の諸科学にまたがるトランス・ディシプリナリーな研究を新たに組織化することが不可欠である．

　しかも，このような研究は，科学技術の生み出す知識の流通と消費の場面にまで射程の広がるものであり，科学ジャーナリズムやメディア，教育，一般市民の役割をも視野に入れた学術研究として展開されるべきであろう．

　また，現代の科学技術は一国民国家の領域を超出した活動であり，「新たな関係」の構築の作業が必然的に，国際的視野を伴うことも銘記されねばならない．

　以上の認識のもと，われわれは，科学技術と社会の界面に生じるさま

ざまな問題に対して，真に学際的な視野から，批判的かつ建設的な学術的研究を行うためのフォーラムを創出することを目指し，科学技術社会論学会を設立するものである．

この趣意書が，STS は医学を含む科学技術全般を対象にしていること，また学際性を重視すると宣言していることは明らかであろう．しかしそれに加えて，この趣意書に特徴的な文言がある．「批判的かつ建設的な学術研究を行うためのフォーラムを創出する」という文言である．人文社会科学的研究の場合，「批判的」であることは当然である．しかし「建設的」とはどういう意味か．また「学術的研究を行うためのフォーラム」とは何か，こういった疑問がわく．ちなみに，4S のホームページでは，STS 研究についてこう記されている[2]．

> 4S fosters interdisciplinary and engaged scholarship in social studies of science, technology, and medicine.

「4S は科学，技術，医学についての学際的かつ engaged な学術的ソーシャルスタディを推進する」といった意味であろうか．問題は engaged である．参加する，関わるといった意味である．engage はサルトルに帰せられるアンガジュマンの英語である．サルトルの場合は政治参加であったが，4S の engaged は何であろうか．学術的という言葉には，どこか対象と距離を取り冷静に分析する活動というニュアンスが含まれている[3]．これと対照的なのがアクティヴィズムであろう．これは具体的な社会的課題や政治的課題に対して変化をもたらすために，実際にさまざまな行動を行うことである．当然，その前提には特定の思想，価値判断が存在する．価値中立ではないのである．engaged は学術的な中立性に終始するわけでもなく，さりとて旗幟鮮明な政治的主張や思想性のもとに行動するアクティヴィズムでもない活動形態を指しているように思える．コミットメントと言い換えることもできるであろう．STS という発想の背景には，科学技術の「社会的側面」（中島）を「建設的」（趣意書）かつ engaged（4S）なスタイルで研究する必要性という認識があった．すなわち，STS の学会化は，巨大化しつつある科学技術という営みを

批判的に吟味しようとする学術的試みに尽きるとは言い切れないものであった.

　一般的にいえば，学会を設立するということは，現代では学術に関する研究発表の場を設定し，論文掲載のための学術雑誌を刊行し，という一連の「学会として」の作業を実施することと同義になる．いわゆる学術の制度化の1つの要素である．この場合，学会への参加資格をどう設定するか（学位の有無，推薦人の有無等々），投稿論文の審査基準をどう設定するか（査読制度の整備などが基本であろう），研究成果発表の場としての年次研究大会等々の検討と決定が必要となる．こういった一連の作業が学術的な意味での学会設立に伴う．参加者にとって，学会は「業績」というアカデミックな世界における研鑽実績の品質管理を通じて，研究者としての資格認定に関わる組織ということになる．

　他方「フォーラム」は少し異なる．基本的に参加者資格をあまり厳しく設定せず，議論すべきテーマに関われる人すべてに認めるといった発想にもなる．「業績」の認定機関という性格を強くもたないからである．厳密な査読制度の整備よりも，誰もが「自由に」発言し，意見交換する「場」としての「フォーラム」という発想になる.

　日本でSTSの学会を設立する際，「学会」より「フォーラム」のほうが望ましいという議論が生じた．アカデミズムにすでに職をもっている研究者からは「フォーラム」の機能を高く評価し，その推進を願う意見が多く出た．STS的テーマの追求には「フォーラム」がふさわしいという考え方も伴っていた．他方，アカデミズムに一定の職を得ていない人にとっては，いかに重要なテーマとはいえ，STS研究が「業績」にならないということはリスクになる．その意味で，通常の「学会」の設立が望ましいということになった.

　なぜ，STS研究が学会を設立しなければ，通常の意味でのアカデミズムにおける「業績」にならない（あるいはなりにくい）のであろうか．ここに，「建設的」あるいはengagedの意味が関わってくる．STSの揺りかごは科学史，科学哲学，科学社会学などの分野であったと述べた．それぞれの分野自体が固有の学術研究システム（学会，大学での職，学術雑誌）を備えているが，STSに関する研究を発表するにはハードルは高い．研究のスタイルが

異なるからである．とりわけ，「建設的」あるいは engaged と表現される研究との相性がよくなかったのである．

この点を，論文の「名宛人」という観点から説明してみよう．学術論文の名宛人は誰か，つまり誰を読者として想定しているかと問われた場合，啓蒙主義的発想から答えれば「理性的存在者一般」ということになろう．知による人類の啓発と迷妄からの解放という啓蒙主義の理念からすれば，論文は理性をもつ人類全体への呼びかけとなる．しかし現実には，同じ分野の専門性をともにする研究者が中心ということになりがちである．これはもちろんピアレビューの根拠でもある．このジャーナル共同体（藤垣 2003）が，専門知の品質保証システムであると同時に，知識生産に関する排他性を伴う専門家主義を維持する仕組みである．他方，STS が「建設的」で engaged な研究だというときに想定している「名宛人」はおそらくもう少し広い．参加資格を問わずに議論する場としての「フォーラム」という言葉がイメージするような広がり，社会のなかで生起している具体的な課題に直面する人びとに届く言葉，さらにいえば，課題の解決に貢献する研究，こういった考え方がSTS 誕生の 1 つの動機であったように思える．

実のところ，科学史，科学哲学，科学社会学といった分野は科学「について」の学問という意味でメタ学である．科学研究そのものを実行するのではなく，科学研究についての分析をする分野であり，科学を何らかの意味で「評価」する方向性をもっている．同時にアカデミズムの理念のもと，対象と距離を取り冷静に分析するという性格が強い．しかし，STS も科学技術についてのメタ学ではあるが，対象との距離感に少し幅があるといえるだろう．科学史や科学哲学，科学社会学のような伝統的な学術に近いスタイルから，アクティヴィズムに近いスタイルまでを包含する性質をもっている．

以上を要約すると，STS の固有性は次のように表現できよう．

(1) 科学技術を対象とするメタ学であるが，比較的現代の科学技術を対象とすることが多い．

(2) 学際的な研究分野である．

(3) 対象と距離を取り冷静に分析するスタイルのみならず，「建設的」で engaged な研究スタイルを重視する．

科学技術とりわけ現代の科学技術に対するメタ学であるSTSは，科学技術のあり方についての一定の批評性をもつことになる．これが「建設的」やengagedという言葉で表現しようとしていることなのである．

3. メタ学の批評性

3.1 科学哲学，科学社会学そしてクーン

　STSの揺りかごの１つ，科学哲学という分野は，1920年代後半にはじまるウィーン学団の統一科学運動以後の論理実証主義，そして英米系の分析哲学系の科学論を指すのが普通であるが，そこでの議論の中心は，科学知識の生産の場面における正当化の方法であった．自然科学の知識の卓越性は当然の前提とされ，その説明に向かうとともに，そこから科学知識と比較して劣っているとみなされた社会科学的知識の改善の処方箋を引き出すという発想であった．

　論理的な普遍言語という共通の言語による統一科学を構想し，自然科学と社会科学を統合しようとしたウィーン学団がモデルとした知識は，物理学の知識であった．ここでは社会科学や生物学，化学を物理学へと還元するというプログラムが構想されていたのである．この種の試みは結局失敗に終わったが，知識における自然科学の，そしてとくに物理学の優越性という発想はその後も受け継がれていくことになる．ウィーン学団や論理実証主義の批判者として自説を展開した，カール・ポパー（Popper, K.）の場合にも，自然科学の産み出す知識に対する信頼という点では，共通するものがあった．

　こうして科学哲学は物理学を中心とした自然科学知識の卓越性の解明に向かうことになる．その際に注目されたのが，卓越した知識を次々と生産することを可能にする「科学的方法」であった．他方，STSのもう１つの揺りかごである科学史研究においては，科学の歩みを現在の科学へと至る発見と発明の成功物語として記述しており，その際の科学者の「成功」を論理的に分析することを通じて，「科学的方法」を抽出するということが行われたのであった．

科学哲学者は，科学知識の正当化あるいは科学知識の成長を支配する論理としての科学的方法論の探求を目指したということができる．そして，この「科学的方法論」は科学の歴史において実際に機能しており——あるいは少なくとも科学の発展に大きな貢献をしたエリート科学者の営みにおいて機能しており——，これこそが科学の他の知識生産様式と区別された卓越性を説明するものとみなされているという点で，科学者の活動様式の統計的要約ではなく，科学者が従うべき規範と考えられたのである．

　これと類似の発想として，科学社会学者マートン（Merton, R.）のノルム論がある．マートンは科学者共同体が共有している価値観の分析を行い，それを「科学のエトス」と呼んだ．このエトスは綱領化されているわけではないが，科学者の行動様式や科学者がどのように自らの研究について表現しているかを分析することを通じて，次の4つのノルムにまとめることができるというのがマートンの主張であった．

(1) 普遍主義：科学上の業績は個々の科学者の個人的性格や社会的地位とまったく関わりなく，経験的，論理的な基準のみによって評価されねばならない．

(2) 公有性：科学者は自らの発見を速やかに公開しなければならず，秘密主義は許されない．発見は科学界の共有財産となる．

(3) 利害の超越：科学者は自らの利害によって，自己または同僚の研究成果の内容と評価を歪めてはならない．研究上の不正行為は許されない．

(4) 系統的懐疑主義：科学者は新しい研究報告に対して，経験的論理的基準に照らし，批判的，客観的に評価しなければならない（マートン 1961）．

　当然，このようなノルムは完全に科学者共同体のなかで実現しているわけではなく，逸脱があるが，それに対してはさまざまな制裁がなされるという点で，科学者の守るべき規範として機能しているという意味であり，同時に，この規範に従うことが科学知識の生産に有効であるという主張も込められているのである．

　このような議論に対して，反省を促すきっかけとなったのがクーン（Kuhn, T. S.）の『科学革命の構造』（Kuhn 1970）であった．クーンの展開したパラダイム論は，科学理論の大きな転換が一種の改宗ともいうべき非合理な過程

を伴う断絶であり，転換の前後のパラダイム間は共約不可能な関係にあると主張しており，科学哲学においては，この理論転換における連続と断絶をめぐるクーン批判が相次いだ．しかしここではその論点には立ち入らず，それよりもはるかに重要なもう1つの論点に触れておきたい．それはクーンが通常科学と表現した科学の営みのことである．これは科学者がパラダイムに拘束され，パラダイムが指し示す研究課題，研究手法に従ってパズル解きのような研究をしている時期のことである[4]．

この通常科学における科学者は，ある意味できわめて保守的な研究者として描かれる．科学者養成の過程を通じて先人の科学的遺産を無批判的に受容し，その分野の研究伝統が指し示す標準的な研究課題を着実にこなしていくといったイメージである．大胆な仮説を案出し，その仮説の経験的反証を試みる．そして反証の試みというテストをパスした仮説を暫定的に受け入れつつ，常により厳しいテストを繰り返し，反証された場合には新たな大胆な仮説の案出に向かうという反証主義を主張していたポパーがクーンの主張にいち早く反応したのは当然であった[5]．批判的討論という伝統のもとで，仮説を厳しい批判にさらすことによって誤りを排除することを通じて科学が進歩するというポパーの立場からすれば，クーンの描く科学者像はあまりに無批判的であり，非合理主義的であった．彼は，現代の科学者の多くがクーンのいうパラダイムに従ったパズル解きという無批判的研究に従事していることを認めつつ，そのような科学の現状を「文明の危機」と宣言したのである（Popper 1970, 53）．

ここでの両者の対立点の1つは，科学史研究が描き出す科学者の行動が科学哲学者の主張する「科学的方法」に従っていないということをどう評価するかということであった．もちろん科学哲学者の主張する「科学的方法」は歴史上の科学者の行動を記述した単なる要約ではない以上，現実の科学者がこの通りに行動していないという事実によって，単純に反証されるような経験的主張ではない．マートンの例で述べたように，ある種の規範として機能しているという主張であり，逸脱した行動が存在することは当然である．だからこそそれに対する制裁が行われるとき，「規範として機能している」という主張は強化されるのである．しかし，クーンはむしろパラダイムのもと

で研究にいそしむ科学者を逸脱者ではなく，通常科学，ノーマルサイエンスの担い手と呼んだのである．ノーマルは「正常」という意味でもある．ここには，科学研究のあり方，すなわち有効な知識生産の方式に関する明瞭な価値観の対立が存在していた．

3.2　STS の場合

　STS 系の科学社会学者は，クーンの通常科学という描像に大きく影響された．そして具体的な歴史事例の分析を通じて，科学者共同体の行動が再検討されはじめた．とくに強調されたのが，エリート科学者の回顧録や自伝あるいは論文や報告書の文章に表現されているような科学的方法論についての議論を額面通りに受け入れることなく，現実の科学者の行動を中心に分析することであった．往々にしてこういったエリート科学者の科学的方法に関する発言は，科学研究が批判的な精神のもとで，実験的な証拠に基づき着々と連続的に真理を積み重ねていくというイメージを強化するものであり，現実の科学研究が過度に理想化されているからである．

　経験的研究の蓄積から明らかになってきたことは，仮にマートンの述べたようなノルムが存在しているとしても，それに逸脱した事例は大量にあり，かつ逸脱に対して必ずしも制裁が加えられているとはいえないということ．また，秘密主義を禁じる公有性といったノルムにしても，抽象的には科学者は賛成するかもしれないが，このノルムの具体的な適用の基準に関しては大幅に意見が相違することがあること．つまり具体的な状況において，個々の行為が，共有されているはずのノルムに逸脱しているかどうかの判断は容易には収束しないということである．したがって，視点を変えて科学者の行動をみれば，科学者共同体外部に向かっては理想化されたノルムの実現を主張していても，科学者共同体内部での現実の行動はきわめて機会主義的ということになる．

　科学的方法として一般的に主張される各種の基準についても同様のことがいえる．科学者は科学的主張の品質証明として，証拠との一致，単純性，正確さ，追試可能性といった基準を挙げることが多い．抽象的にはこの種の基準を否定する科学者はいないであろうが，現実の科学者の論争はまさにこの

種の基準を具体的に適用する場面で生じるのである（Collins and Pinch 1993）.

　STS系の科学社会学は，科学史の事例や比較的最近の科学の事例を詳細に分析することを通じて，科学知識が正当化される際に働くさまざまな社会的要因を明らかにし，従来の科学哲学が主張してきた「科学的方法」の抽象性と，非現実性を解明していった．そこでは，特定の科学者が実験的研究をすることによって得た成果が社会的に公認の知識として認定されるプロセス全体の分析が重要なものとみなされるようになった.

　従来の科学哲学的議論では，個人の得た成果がどのように論理的基準や方法論的基準によって正当化されるかを問題にし，そのような正当化を再構成できれば，個人の得た成果は直ちに公認の知識と認定されるかのように扱われてきた．つまり，自然を相手にした科学研究は自然と論理に従う本来の軌道にそって成長するのであり，ラカトシュが戯画的に述べたように，それから逸脱した場合にのみ社会学的な説明が呼び出されるという構造であった.

　他方，科学社会学者は個人の得た成果が，論文という形式で投稿され，学会の同僚評価を経て公刊され，さらに科学者共同体のなかで利用され，あるいは無視されるといった経過を経て，権威ある公認の知識へと変換されていくプロセス全体を分析の対象にする．そして，科学哲学者のいう論理や方法論がこのプロセスの作動を決定しているわけではなく，各過程におけるさまざまな社会的要因が大きな役割を果たしていることを主張する.

　科学社会学者は，自らの科学方法論に都合のよい歴史的事例を恣意的に利用する科学哲学者を批判するという動機が強いため，往々にして，科学知識は自然と論理によって正当化されるのではなく，社会によって構成されるといった表現を用いてきた．そのため，科学哲学者は先に述べたような科学社会学者の主張を，自然に関する知識である科学知識を社会的にいかようにでも構成されるものとみなす主張と理解し，観念論的であり，危険な相対主義に道を開く非合理主義であると批判してきたのである．こうして，科学社会学者が主張する知識生産における社会的要因の強調は，知識の正当化は自然によってなされるのか，社会によってなされるのかという二項対立の問題になってしまった.

　しかし，科学社会学者の主張をそのように理解する必要は必ずしもない.

科学知識が自然に関する知識であることを否定する科学社会学者はいない[6].ただ,自然に関する知識の成長が,自然と「科学方法論」に体現されるような論理的思考とによって決まる自然な軌道を描くものであり,その軌道からの逸脱のみが社会的妨害要因によって説明されるという発想を批判しているのである.科学知識の正当化は自然によってなされるのか,社会によってなされるのかという問いの立て方は,自然という要因と社会という要因の区別がいつでも可能であるということを前提にしている.

　一般に,科学者は自らは真だと思う仮説を手にしているが,それをより完全なテストにかけるには莫大な時間と資金が必要だと判断した場合,現段階で公表し同僚科学者を説得できるかどうかという判断をしたうえで,公表するかどうかを決定しているであろう.その場合に科学者が利用している「証拠」には,彼が仮説の真理性を判断するための証拠(実験的結果など)に加えて,もっと多くの証拠があれば仮説の真理性に関する彼および同僚科学者の判断が変わるかどうかを判断するための証拠も含まれるであろう.通常の言い方をすれば,この科学者は自然と社会の両方に関する判断を行っているのであり,両者を分離するのは困難であろう(Fuller 1993; Latour 1987; 久保 2019).

　このようにSTS系の科学社会学は,「科学方法論」を定式化し科学的思考の自律性を擁護しようとする科学哲学に対して,それが科学の歴史や実態と不整合であることを指摘するという点で,説得力をもつ事例研究を積み重ねてきた.しかし,社会学と名乗ってきたように,科学社会学には記述的な立場を守るという研究伝統もあり,科学研究への規範的介入という発想はあまり強くなかった.したがって,このような研究は科学の現実を記述的に明らかにするという意味で,伝統的な科学哲学の理想化された科学というイメージに水をかける機能はあるが,同時に科学の現状を無批判に肯定しかねない方向性をも含んでいた[7].

3.3　科学の正統性という問い

　ポパーやウィーン学団の科学論は明らかに知識生産の改善という目的という観点から,科学の正統性を問題にしていた[8].古くはミル(Mill, J.)やコ

ント（Comte, I.）にもこの問題意識はさかのぼれるであろう．つまり，**どのような知識が望ましい知識か，その望ましい知識をどのように獲得するか，そして他の種類のではなくこの種の望ましいとされた知識のみを追究することがどのような意味をもつのか**，こういった一連の問いが科学の正統性の問題と絡んでいた．そしてすでに述べたように，彼らの議論においては，科学知識および科学研究という知識生産の「真正性」，「正統性」は自明であり，近代の自由主義的個人主義の理念を体現するものであった．理性を最高度に行使した結果達成されるものとしての科学の知識であり，この知識生産の方法は他の領域の模範にもなると考えられた．科学による啓蒙の理念である[9]．

　しかし，歴史的に振り返れば，自然に関する実験によって獲得される知識を望ましい知識とみなすようになったのは，17世紀のことである．思弁と論証を中心としたスコラ学的自然学が「望ましい知識」を規定していた時代に，ボイル（Boyle, R.）ら実験的自然学の提唱者はロイヤル・ソサイエティを組織し，実験に基づく知識獲得の正統性を主張するために公開実験を行い，「望ましい知識」の基準を変更しようと試みたのであった．当時，たとえばホッブズ（Hobbes, T.）は学問の典型を幾何学に求め，普遍的な学問は適切な定義からはじめ，理性的な論証によって結論へと至るべきであり，この方法のみが人々の同意を正当に産み出し，学問の名に値する知識を産み出すと考えたのであった．したがって，個別的事実を実験によって確認する実験的自然学には，理性的同意を産み出す強制力がなく，学問ではあり得ないとされたのである．

　ボイルらが試みた「望ましい知識」の基準の変更は，実験における器具の製作能力の改善や実験の精度の向上といった技術的洗練だけではなく，この種の実験装置の製作方法の詳細や実験結果の公開，さらには報告の際に実験結果とその因果関係の解釈を区別すること，古典の引用を避けて実験を追試できるように記述することなどにまで及んだ．また，彼らの公開実験の認識的権威を確立するために，目撃者としてしかるべき階級の人間を選び出すことも行った．つまり，実験による知識生産が「望ましい知識」の生産方法であると認定されるために，あらゆる知的，人的，社会的資源が動員されたのである．同時にこれは，実験的精神を共有し，知識の新たな表現方法を用い

る共同体の成立のための社会運動であった[10].

　したがって，現在の科学研究を支える知識生産システムの構築に際しては，「望ましい知識」の基準，「望ましい知識」の獲得方法に関する基準を変更し，かつそれを共有する社会集団を形成することが必要であった．現在の科学者養成において論文の書き方や表現方法を訓練し，学会の同僚による審査という品質管理システムを重視する背景には，この種の歴史的に形成された「望ましい知識」をめぐる理念あるいは規範的構造が存在しているのである．

　このような分析をしてみせたシェイピンとシャッファーは彼らの研究の意図をこのように述べている．

> 『リヴァイアサンと空気ポンプ』は，知識の問題と秩序の問題を**同一の問題**としてとらえようとする試みであった．どのような場所・時代であれ，人々の集団が，何が知識であるのかをめぐって同意に至った場合，それは，彼ら／彼女らが，どのようにして自分たち自身を配列し秩序づけるのかという問題を，実践的また暫定的に解いたことを意味する．知識を得ることはある種の秩序だった生活に所属することにほかならない．ある種の秩序だった生活を得ることは，共有された知識を持つことにほかならない[11]．（強調は原文）

　つまり，社会生活においてなされるさまざまな意思決定に関して，参照されるべきまっとうな知識（正統な知識）はどういうものであるかという問題である．科学が生み出す知識の正統性の確保は，社会的意思決定における正統性と同型なのである．

　とするならば，近代自由主義的な理念の体現者としての科学という像がSTS研究を通じて批判され，説得力を失った場合，現代の科学技術の正統性と社会的意思決定の正統性はどのような関係になるのであろうか．STSはこの問題に対して何が語れるのかが問われるのである．

4. 科学と民主主義

4.1 民主主義に潜む緊張

　科学と民主主義の関係という問題はあまり深く検討されることはないが，実はかなり厄介な側面を含んだ問題である．少なくとも 19 世紀に至るまで，民主制と普通選挙は無規律な大衆による支配として長らく軽蔑されてきたことは，思想史における半ば常識である．そもそも 19 世紀の半ばに至って，古代ギリシャ史学において，古代ギリシャの民主制が肯定的な立場から叙述されるようになるのであって，それまでは否定的に扱うという点で，議論の余地などなかったに等しい（アナス 2004）．

　現代では，「民主主義的」という言葉は，ほぼどんな事柄に関しても肯定的に付される形容詞として機能している．「民主化」という言葉も同様である．これに反対することは，ほぼ不可能，という状況であろう．ためしに現代日本において，「それは民主的だからよくない」という発言が可能な文脈を考えてみればよい．そのような文脈を思いつくのがきわめて困難であることがわかるであろう．

　そもそも「民主主義」とは何かということ自体が問題であるが，さしあたり，近代民主主義思想の源流の 1 人と目されるルソー流に「各人が相集まり，協働して，それぞれの個別意志を結集して 1 つの一般意志を形成し，その一般意志の行使を 1 つの政府にゆだね，各人はその政府の命令に従う．こうして形成された国家のなかでは，人びとは平等に統治に参加する」という発想が，民主主義の根底にあると考えておこう．もとより，この表現には多数の要素が含まれており，そのどの部分を強調するかによって，民主主義の意味も変わり得る．たとえばアメリカの政治学者ダールは，民主主義は以下のような機会をもたらす制度であると論じている（ダール 2001）．

- 実質的な参加
- 平等な投票

- 政策とそれに代わる案の理解
- アジェンダの最終的調整の実施
- 全市民の参画

　これをみると，全員が政策とそれに代わる案を理解したうえで，討議をしつつアジェンダの最終的調整を行い，平等な投票で決定をしていく，といったイメージが思い浮かぶ．ある意味で，ルソー的ヴィジョンに忠実だといえよう．しかしこれはかなり理想化された「民主主義」であり，直接民主主義を髣髴とさせることも確かである[12]．

　現実には，多くの民主主義国が間接民主主義を採用していることは周知の通りである．そもそも間接民主主義には，規模の大きな社会における直接民主主義の実行の困難さゆえに，民意を代表するものを選出するという現実の制約から生まれる側面と並んで，定義からして少数派である「より優れた人間」に政治を委ねるという発想も含まれている．つまり，民衆の意思が直接的に政治を動かすことを緩和する歯止めという機能もあるといえよう．間接民主主義には，代表者の選出のみに人びとの参加を制限するという点で，「反民主主義的」ともいえる側面が含まれているのである．かつて，そして現在でも，直接民主主義的な全員参加の思想に対して，繰り返し表明される懸念が「ポピュリズム」であることと，このことは無縁ではない[13]．

　したがって，民主主義に関しては大別して，2つの側面があるといえよう．1つは，「自由主義的理解」とでも呼べる側面である．すなわち，社会構成員全員の個別意志をできる限り尊重し，参加の機会を保証する．最終的な意志決定原理としては，投票による多数決原理を採用する，というものである．もう1つは，「共和主義的理解」とでも呼べる側面である．これは，各人の個別意志を超えた一般意志を形成するにふさわしい有徳者（「より優れた者」）による意志決定を重視する．その選出機構として間接民主主義を構想する，という発想であろう．前者は各人の「自由」を強調し，後者は「社会の連帯性と公共性」を強調する．

　もとより，両者は截然と二分されるわけではなく，現実には両側面がさまざまに混合したものとならざるを得ないのは当然である．しかし前者が「自

由」を強調し，各人の政治行為への参加を強調するが，大衆民主主義，あるいは衆愚政治，ポピュリズムという批判を浴びやすく，後者が「有徳性」を強調し，政治参加による市民的徳の陶冶を主張するが，参加資格の限定に伴う閉鎖的共同体主義，あるいは倫理の過剰による自由の抑圧といった批判を招くことが多いことも確かである[14]．

　この両者の発想を調停しようとすれば，どうなるであろうか．簡単にいってしまえば，教育が普及し，各人が政治参加を通じて個別意志を抑圧することなく一般意志を志向するような有徳者となり，自由が損なわれることなき連帯社会が実現する，ということになるであろう．これが理想主義的に過ぎることは，誰しも否定できないとは思う．しかし，これこそが近代の「啓蒙」の理念であり，現代においても拒否しがたいイデオロギーなのである．「全員が有徳者，「より優れた人びと」になれば，参加資格の限定の必要はなくなり，全員が参加するのだ」ということである[15]．そして，もちろん，このような事態が一夜にして実現することはありえず，それゆえにこそ，民主主義への参加それ自体が民主主義の理想を実現するための「教育課程」として観念されることになる．しかしこれは実は「調停」ではない．全員が「より優れた人びと」には，定義からしてなり得ない．したがってこのような事態の実現を目指せば，共和主義的理解は棄却され，ある理想化された人民主権論が擁護されることになる．

　以上のように，民主主義には，「全員参加」という発想と「より優れた人間の判断」との間に緊張関係があることがわかるであろう．

4.2 「科学の共和国」論

　それでは，科学のほうをみてみよう．現代において，科学者は一定の教育を経て，博士号などの資格を獲得した人びとが，学会を通じて研究成果を社会に提示している集団である．このような科学者集団の構造と論理については，多くの議論がなされてきた．

　科学知識を生産する集団としての科学者共同体を，どのような性質をもった集団とみなすかという点に関しては，かつて，そして今も非常に影響力のある見解がある．それは，「科学の共和国」という見解である．この見解は，

医学，物理化学の研究者から後に哲学者に転身したマイケル・ポラニーに帰せられるのが普通である．

ポラニーの中心的な主張は，科学者は全体として探検家の社会というものを構成しているというものであり，彼は，この科学者全員から構成される社会を「科学の共和国」と名付けたのである．

> このような社会は未知の未来に向かって努力する．というのも，この未来が接近可能であり，また到達するに値すると信じられているからである．科学者の場合についていえば，探検家とは隠れた実在に向かって知的な満足のために努力するひとびとである．そして，これら探検家たちが知的な満足を得るとき，かれらはすべての人々を啓発し，したがって，社会が知的な自己改良に向かってみずからの義務を履行するのを助けるのである（ポラニー 1985, 89）．

そして，この共和国の内部では，科学者は他の科学者の探求成果に常に目を凝らし，その知的価値を査定している．もちろん，1人1人の科学者が判断を下せる領域には限界がある．しかし，個々の科学者が判断を下せる領域は相互に重なり合っており，全体としてみれば，科学は重なり合った隣接領域からなる連鎖と網状組織によっておおわれているので，その連鎖を通じて，科学全体における探求成果の知的価値に関する評価が合意に至るのである．したがって，

> 科学的見解は誰か一人のひとの心に懐かれた見解ではなく，ひじょうに沢山の断片に分裂してはいるものの多くの個人によって懐かれている見解である．これら個人の各々は間接的に他の人の見解を裏書するが，それは一連の重なり合う隣接領域を通して，自分を他のすべてのひとたちに繋ぎ合わせる同意の連鎖に各個人が依拠することによってである（ポラニー 1985, 71）．

ポラニーは，科学研究の成果の評価がこのような科学の共和国のメンバーのみによって下されることの重要性を力説する．なぜなら，科学というのはガリレオ以来の長い知的伝統であり，科学の共和国の住人たる先輩科学者の

もとに弟子入りし，長期にわたる訓練を受けることによってのみ，その伝統を継承することができるからである．価値ある科学知識の生産を通しての科学の成長は，科学の共和国を外部からのいかなる干渉からも守り，完全な知的自由を与えることによってのみ可能である．科学の成長は，真理追究という理念のもとに訓練された共和国の住民の自立した創造性に基づく相互調整によって，もっとも効率的に実現されるのである．

したがって，いかに高邁な善意に基づくものであれ，科学の営みを真理の追究以外の目的に向けて誘導しようという試みは科学の破壊であり，また科学の成長の効率を上げるための計画化という試みは失敗を運命付けられているとポラニーはいう．科学の土壌は「治外法権」でなければならないのである[16]．

このように科学の自律性を擁護したポラニーは，科学者の共和国を政治学上のエドマンド・バークとトマス・ペインの対立の構造に結び付ける．バークは，国家の諸制度を一挙につくり変えようとするフランス革命の企てを批判し，「生きている者と死んだ者がこれから生まれるはずの者と取り結ぶ協力関係」という意味での伝統の継承を強調した．他方，ペインはあらゆる世代の絶対的自己決定の権利を強調する．ポラニーは，フランス革命の延長線上にロシア革命があり，ともに人間社会の無限の改良を決意して，社会の全面刷新のために伝統に挑戦しているという．しかし，科学の共和国の健全な作動を支配している原理をみれば，伝統の重要性は明らかだという．科学の共和国は，物的財の配分の場面では市場原理と表現されるような，一般的な原理に支配されている．つまり，各個人に備わる創造性に基づく自由な連合が，一種の見えざる手のような調整機能を果たし，科学の成長を実現する．そして，この共和国の住民は科学の伝統を訓練を通じて受け入れ，それに服従することによって住民として受け入れられるようになるのである．しかし，科学の伝統は，権威として機能すると同時に，この権威に従う者に，自らの独創性によってこの権威自身を刷新するように要請するのである．

ポラニーは自由社会が自己改良を不断に目指す社会である点で，科学の共和国と同様であるという．したがって，各世代の絶対的自己決定を拒否し，伝統を擁護する点ではバークに与するが，人間と社会の無限の改良という理

想を擁護する点で，ペインに与するのである.

　保守主義者としてのバークと自由主義者のペインとの間で，微妙な位置を占めるポラニーの議論が，先に述べた民主主義に潜む緊張と関連していることがわかるであろう．ポラニーの伝統擁護は「科学の共和国」への参加資格と結び付いているのである．各人の絶対的自己決定を主張するペインの議論は，ある意味で，参加資格の限定を拒否する発想と通底している．すでに述べた「フォーラム」としてのSTSという発想はペイン的というべきであろう．先に「それは民主的だからよくない」という発言が可能な文脈を想定するという問いを挙げたが，おそらくポラニーは，科学の共和国に資格なき者が参入して民主主義の立場から発言の権利を主張したならば，おそらくこの回答をすると思われるのである.

　つまり，科学の共和国は，特別の資格を備えた（少数の）人間（「より優れた人びと」）による「知識」の正統化機能をもっているのであり，民主主義的な全員参加を強調する側面とは調和しないのである．彼が「共和国」という言葉を使っているのが象徴的である.

　しかし，この科学と民主主義の裂け目は長らく顕在化せず，また議論もあまりなされてこなかった．科学を理解するためにはきわめて高度な専門性を必要としていることを誰もが承認しており，政治的議論の対象になるとは誰も考えなかったというのがその1つの理由であろう．いわゆる「固い科学観[17]」のゆえに，科学に関する事項は他の問題とは異なり，人びとの「議論」と政治的「意志決定」の問題とはみなされてこなかったのである．同時に，20世紀前半まで，科学は社会にとって「福音」をもたらすものというイメージを社会に定着させていたからでもあろう．科学の知の有用性とそれを生み出す専門家への信頼が，この裂け目を埋めていたのである．したがって，このような時期においては，専門家によるパターナリズムは肯定され，人びとに対しては科学教育の強化とPA（Public Acceptance）活動[18]が展開されることになった.

　このような議論に対して，STSがどう応答するかは重要な課題である．STSは科学の正統性を支えるとされてきた近代的自由民主主義的科学理解（ウィーン学団やポパー，マートン，ペインのような発想）を批判したとい

う点で，ポラニー的な発想をもっているからである．クーンに刺激を受けて取り組まれてきた，科学知識の状況依存性の解明，科学者共同体の具体的な作動の記述と分析がもたらした科学理解は，ポラニー的な科学の共和国という描像と親和的なのである．

ウィーン学団やポパー，マートンが科学と自由民主主義を結び付けようとしたのは，この西洋的価値が挑戦を受けていた時代であったことを考慮すべきであろう．1930年代，40年代において，共産主義，ファシズムと自由民主主義のいずれが科学と相性がよく，また社会の発展を約束するかは自明ではなかったのである．そしてこの3つのイデオロギーのいずれもが，自らの正統性を「科学」の名のもとに表現していたのである[19]．STSはこのような科学と政治の結び付きを，ポラニーやクーンを援用して批判し，異なる科学像を描き出している．それではこの科学像に対して，STSはどのような批評性を示すのであろうか．

5. 社会の科学技術化

ここであらためて，20世紀の科学と社会の関係を簡単に振り返っておこう．
戦後になると科学を取り巻く状況は変わる．第一次世界大戦，第二次世界大戦のころに，科学と技術とは接近しはじめ，戦争に役立つのみならず，産業国家の競争力の強化にも有用であることが認識されはじめた．そのころ，科学技術への政府および企業からの投資が増大したのである．それ以降，科学技術という営みの規模は大きくなった．大量の科学技術研究者が登場し，大量の研究とその成果物が生まれるようになった．また，科学技術の産物が社会に直ちに流入することを通じて，社会の側は利便性を享受し，豊かになっていった[20]．いわゆる「社会の科学技術化」という現象である．これが著しく進行したのが，第二次世界大戦終了から1970年ごろにかけてであった．さらに，1970年代以降，科学技術が社会にもたらす影響は巨大になっている．

1980年代以降になると，科学技術への政府支出は増大を続け，1960年代に気付かれていた科学技術の変質はいっそうあらわになっていった．それは

一言でいえば，自然の仕組みの解明から人工物の製作への変化である．この動きは，科学と技術の境界線を曖昧にし，両者は今ではほとんど区別できなくなっている．情報技術やライフサイエンスにみられるように，最先端科学技術の開発は加速し，その成果が社会に直ちに具体化して浸透をはじめる．科学技術開発は今や先進国でありつづけるための条件であり，政治や経済領域は科学技術の成果を利用せんと待ち受けている．昨今の「イノベーション」政策がその象徴である．その結果，大学の果たすべき役割も，企業との連携による有用な知の生産という観点から定義されるようになってきた．いわゆる産学共同研究の推進や，知財の取り組みが大学の重要事項になっていることなどがこれを示している．

　この時期に進行したことは，科学の典型が真理追究を至上価値とする「物理学」から，真理追究に加え社会的，経済的有用性を兼ね備えた材料科学，ライフサイエンス，情報技術といった「科学技術」と呼ばれるものへの移行であった．エコウィッツは，これらの分野の知識の際立った特性として，「多価値性（polyvalent）」を挙げている．すなわち「論文になるとともに特許にもなる（publishable and patentable）」というタイプの知識生産の増加である（Etzkowitz, 2008）．真理追究のための「純粋科学」というべき物理学も「基礎科学」（応用を前提とした「基礎」というニュアンスを伴う）と呼ばれるようになる．

　このような状況は，社会における科学技術のプレゼンスの肥大，あるいは**社会の科学技術化**ともいうべきものであるが，ことは科学技術の成果の社会的利用にとどまらない．社会の科学技術化のもう１つの側面として，社会的意志決定の正統性が科学技術によって提供されるようになったことが挙げられる．たとえば犯罪捜査における証拠の鑑定，裁判における専門家の鑑定の扱い，地震の予知と対策，薬品や食品の安全性に関する基準の策定等々，科学技術の専門家による判断を，社会的意志決定の根拠に用いるのが常態となっている．

　こうした社会の科学技術化という現象の出現と軌を一にして，科学技術のほうも変化しはじめた．**科学技術の社会化**という現象の出現である．先に述べたように，自然の仕組みの解明から人工物の製作へと科学技術の重点はシ

フトしてきたが，これが科学技術への政府や企業からの投資の増大を生み出したのであった．その結果，科学技術という営みの規模は拡大し，毎年大量の研究「成果」が生産され，専門分野の細分化が限りなく進行した．もはや，科学技術の全貌を把握することは不可能になり，個々の専門分野の成果が相互にどのような関係になっているかを理解することもできない．かつてのような全体的自然観を提示する機能を，現代の科学技術は失っている．存在するのは，膨大な仮説と暫定的結論の集積であり，それらはその生産量の増加と更新速度の昂進によって，きわめて流動的で可変的なものになり，「真理」を標榜することもできなくなっている[21]．

　この結果，社会化した科学技術のほうは自らの生み出す知識が仮説的であり，暫定的であることを自覚しつつ，社会的役割としての「真理の提供者」を演じざるを得なくなる．また，この役割を演じることによって，科学技術という営みに対する社会的投資が可能になるからでもある．他方，科学技術化した社会のほうは，科学技術の成果を信頼できる知，「真理」という認定のもとで利用しようとするが，現実の科学技術の社会化という現象により，どの知識を利用するか，どの専門家を信用するかについての判断を自らが下さざるを得なくなる．社会化した科学技術は，必ずしも整合的ではない暫定的な仮説の大群を「真理」もしくは「信頼できる知」の名のもとに社会に提供しつづけ，科学技術化した社会はその大群のなかから「真理」もしくは「信頼できる知」を選別することを余儀なくされる．

　科学技術は真理や有用な知を生産する営みを期待されるだけでなく，改めて社会的意志決定の「正統性」を提供する役割も期待されることになる．そしてこの「正統性は」単なる科学的方法の名のもとに誰でもが理解できるものではなく，特別な専門的訓練を積んだ「専門家」の見解という形で提供，調達されている．この描像では，専門家はポラニーの科学の共和国論におけるそれと似ている．

6. STS が取り組むべき問題群の例示

　以上の議論を踏まえ，今後 STS が取り組むべき問題群を例示してみよう．

もとよりこれですべてというわけではない．しかし，人類が科学技術の研究を継続し，その社会的活用を試みつづける限り，STS研究の課題がなくなることはないであろう．なお，以下の項目について詳細な議論は本シリーズのさまざまな章で論じられているので，ここでは課題の提示にとどめることにする．

(1)「建設的」あるいは engaged の問題

STS の揺りかごであったウィーン学団やポパー，マートンは一定の政治的ヴィジョンにコミットしていた．抽象的な理性の行使を可能にする科学的方法の普遍性こそが西洋の自由民主主義体制の根底を支えるという発想である．では，STS はどうか．知識の状況依存性，不確実性，知識生産の集団性を主張し，啓蒙主義的科学理解の神話性，イデオロギー性を暴露することには成功した STS は，現代の科学技術の様相にどのようなスタンスを取るのか．たとえば，科学の共和国的な科学技術の現状のなかで周辺化されるグループや知識をどう考えるか．これはフェミニズムが提起している問題でもある．

(2) 研究の多様性そして学術知と社会的政治的知のアマルガム

研究の世界の多様性の進展は，近年の大きな特徴である．とりわけ社会との接点の増加はさまざまなタイプの研究スタイルを生み出しているのである．

ここではその例としていくつかの新しいタイプの研究を紹介しておこう．従来の標準的な科学研究では，専門分野ごとに研究者が学会を組織し，分野のなかで重要と認定される問題に対して分野の標準的な研究方法に則って研究を行い，学会の作法にしたがった形式の論文を作成する．そして同じ分野の研究者による査読（ピアレビューという）を受け，評価されるというものである．そして，そこから生み出される知識の性格については，物理学という老舗の科学の影響力が大きかったため，普遍的かつ一般的な性格（宇宙全体に成り立つ法則的知識）が強調される傾向にあったといえる．

しかし，このような慣習には収まりきれない研究スタイルも生じてきているのである．たとえば地域の環境問題の解決に取り組む研究者たちは，必ずしも一般性や普遍性の高い知識の生産を目的とはしていない．むしろ特定の地域固有の課題の解決に役立つようなタイプの知識を生み出そうと努力して

いる場合がある．生態学者の佐藤哲はそのような研究を行う研究者を「レジデント型研究者」と呼び，そのネットワーク（「地域環境学ネットワーク」）を世界に拡大しようとしている[22]．

もちろんこのような研究の場合にも，従来の専門性をもった科学研究は行われるが，同時に特定の地域の環境に関する長期にわたる定点的観測を継続するといった作業も重要になる．このような観測データ自体は独創性や新奇性といった科学の価値基準によっては高く評価されないこともあるが，その地域の環境問題を解決するための基礎的な資料という価値をもつのである．これも広い意味では，多価値型研究といってよい．

すでにこのような問題意識，つまり知識生産における多様な関与者の協働という考え方は，広がりつつある．環境学以外にも，文化人類学や国際援助関係の分野ではよく知られた構造である（菅 2013）．

科学研究が生産する知識の利用方法も，多様になりつつある．科学研究が生み出す知識は客観的で価値判断から中立という伝統的な考え方では対処できない問題が生まれている．科学者は各種の審議会などに呼び出され，（客観的かつ中立？な）専門的知見の提供にとどまらず，具体的な意志決定につながる判断を求められることが増えている．科学的助言と呼ばれるが，現実には科学の客観性を越えた判断を求められることが多い．

たとえば，地球環境問題という国際的なアジェンダに関しては IPCC パネル（Intergovernmental Panel on Climate Change）の報告書が基本となっている．この報告書は気候変動について科学的，技術的，社会経済的な専門的知見に基づく評価を行うことが目的で作成されており，科学的助言の典型となっている．しかしこの報告書の作成にあたっては，当然のことながら科学的不確実性が存在する現象を相手にしているために一定の「判断」が含まれるのみならず，膨大な科学的知見をどう解釈するか，どのように報告書に記載するかをめぐっては国家間の対立が付きまとっているのである．この報告書が生み出している「科学知識」あるいは「科学的判断」は，明らかに従来の客観的，中立的という性格を越えたものになっている．政治と科学の微妙なアマルガムといった性質をもつのである．同様のことは低線量被曝に関する各種の報告書（たとえば ICRP 勧告）にもいえるはずである．このよう

なタイプの科学知の社会的役割については，改めて検討し直す必要がある．

(3) 社会的論争と専門家論

科学技術をめぐる論争の場合，対立する双方に専門家が出現することが多い．また，社会的意志決定においても専門家の助言を求めることが常態化している．その意味で科学技術の専門家は社会に対して権力を行使する存在である．現代社会における専門家の役割を冷静に分析することが必要である．そのうえで，このような専門家の役割を「民主化」すべきなのか，否か．何をすることが「民主化」なのか．どうすればそれが可能なのか．あるいは，専門家の正当な役割を認め，対立する専門家の見解を討議する場を通じて社会的意思決定に結び付ける仕組みを構築すべきなのか[23]．こういった問題を考えるとすれば，これはある意味，政治的含みをもつ議論になり，「建設的」あるいは engaged ということになろう．

また，STS が積極的に唱道し，実践にも関わってきた市民参加（public engagement）がもつ政治学的な意義はどこにあるのであろうか．この取り組みは明らかに，現状の間接民主主義に対する異議申し立ての側面がある．では，直接民主主義を唱道するのか．それとも別の政治的ヴィジョンをもっているのか，という重要な問いがここに存在する．STS では間接民主主義では聴き取れない周辺化された声，具体の状況から発せられる声など，多様な声をすくい取ることを肯定的に論じる傾向がある．その政治的意味は何かが問われている（小林 2004; 2007）．

(4) 科学コミュニケーションや科学教育

現代社会において，科学技術は明らかに高度に専門的な知識となっており，専門外の人間に容易に理解できるものではない．科学技術に対して民主的統制を考えるのか否か，それに応じてどのような科学教育を社会で展開するのか，専門家と社会のコミュニケーションはどうあるべきか，これも重要な課題である．とりわけ，科学技術の民主的統制（それ自体が何かが問題であるが）に市民が関与するモードと市民が備えるべき科学技術リテラシーは密接に関係している．また専門家の社会リテラシーも同時に検討されねばならない．

（5）ELSI とイノベーション論

現代は 20 世紀前半とは異なる意味で，科学技術と政治体制の親和性が問題になっている．ビッグデータを活用した情報技術の研究開発と実装に，より親和的な社会体制というものがあるのか否か，というのは現代の論争的トピックである．ビッグデータを使う科学技術研究の代表はライフサイエンスや情報技術研究であるが，これはある意味で社会をフィールドに展開される研究である．これらは，研究から実装までを見通した，エツコウィッツのいう多価値的研究であり，社会との相互作用は倫理面でも，法律面でも，社会経済面でも密にならざるを得ない．政治体制や社会システムの違いが研究に影響するのである．米中の情報技術をめぐる対立はこの観点から理解することも可能であろう．

また，EU が定めた GDPR（General Data Protection Regulation：一般データ保護規則）が研究，ビジネス，社会にもたらす意味の検討も重要な課題になる．とりわけ近年の IT 技術に関しては，プライバシーの問題のみならず，民主主義の可能性を掘り崩すことへの懸念が生まれるなど，現代社会の重要な検討課題になっている（Bartlett 2018）．

近年の先進国の科学技術政策は，イノベーション政策の側面を強めている．経済成長のドライバーとしての科学技術への期待が，イノベーション政策を推進している．その結果，科学技術研究は従来に増して，出口指向になり，「社会実装」が強調される．そもそもイノベーションはシュムペーターの議論においては単なる技術開発ではなく，社会システムの変革を伴うものであった．現在のイノベーション論は，かつてよりは社会変革を意識した議論が増え，いわゆる科学技術研究だけではなく人文社会科学の役割に注目が集まっている．そこでは技術的成果をつつがなく社会に受け入れてもらうための協力者という役割だけではなく，どのような社会を目指すかという未来像を社会とともに議論することから技術開発へとつなげていくことの重要性が強調され，そこでの貢献も期待されている．

そしてこの議論は，ヒトゲノム計画とともにはじまった ELSI（Ethical, Legal and Social Issues）研究や EU で展開された RRI（Responsible Research and Innovation）への関心と連動している．このようなイノベーショ

ン論に対して，STS はどのように関わるかも重要な課題である．産業界，政府といったセクターがさまざまな思惑のもとに ELSI や人文社会科学に関心を示す時代に，STS はどのように対応するかが問われている．

　この問題については，ヨーロッパの人文社会科学の研究者が 2013 年 9 月にリトアニア共和国の首都ヴィリニュス（Vilnius）に集まり，公表した「ヴィリニュス宣言：社会科学と人文学の展望（Vilnius Declaration: Horizons for Social Sciences and Humanities）」[24] が参考になる．そこでは，本来の意味でのイノベーションの実現には人文社会科学が不可欠であり，貢献する準備はできている，と述べられている．しかしそれに加えて，「民主主義を活性化していくためには社会の反省的能力の強化が必要であり，これは人文・社会科学が果たし得る重要な役割である」と記され，人文社会科学がイノベーションにのみ関わるのではなく，「社会の反省的能力の強化」にも貢献することの重要性が指摘されている．

　人文社会科学の 1 領域としての STS が「建設的」かつ engaged な営みたらんとする限り，社会的，政治的な観点で単純に中立を装うことはできないことを自覚する必要がある．そして，ELSI のなかには AI の軍事転用，科学技術のデュアルユース問題など，一筋縄では扱えない問題群が含まれている．STS が現状の科学技術のあり方に対する批評性を失うことなく，ELSI に関われるか否かが問われている．

（6）大学論

　科学技術と社会の関係の変容は，知の生産拠点，人材育成拠点としての大学にも大きな影響を与えざるを得ない．現代の研究型大学には 3 つの課題への対応が求められはじめている．1 つは研究の学術的卓越性を示すことであり，さまざまな研究の計量的指標（論文被引用率など）による評価がもち込まれている．2 つには社会にイノベーションをもたらすことであり，知財の獲得や産学連携の推進が求められている．3 つには人類的，社会的課題の解決に貢献することであり，SDGs などへの貢献が盛んに喧伝されている．

　このような状況において，大学の研究や人材育成のあり方が問われている．STS は学問論であり，大学の研究政策に大きな貢献ができるはずである．大学はイノベーションに貢献するアントレプレナー育成を主たるミッション

にするべきなのであろうか．それとも，社会の反省的機能を担保し，主流派の議論に対するオルターナティブを準備する機能を大事にすべきなのだろうか．産学連携によるイノベーション産出こそが今後の大学の主たる機能になるのであろうか．

　また，人材育成の観点からも，STS は科学技術という巨大な営みの意味を考える点で，文系，理系を問わず，現代社会の基本的な教養を形成する科目の有力候補である．その意味で大学教育論への貢献も重要である．

(7) 東日本大震災と福島第一原子力発電所事故

　東日本大震災とそれに続く福島第一原子力発電所の事故は，世界史に残る大事件である．したがって，日本だけが関わるという意味ではないが，日本の STS にとってこの問題はきわめて重要である．地震に関しては，日本の専門家集団の研究のあり方やその社会的責任，他分野との協働のあり方，阪神・淡路大震災の経験の活かし方などさまざまな課題が浮き彫りになった．また原子力発電所の事故に関しては，20 世紀を代表する科学技術である原子力工学は，人間社会がうまく制御できる技術なのか，活用に値する技術なのかという根本的な文明論的問題から，立地と運転をめぐる政治的・社会経済的構造の問題，規制のあり方の問題，専門家の意見の対立構造とコミュニケーションの問題，原子力技術に関与した専門家集団の社会的責任，技術と政治の相互作用の問題など STS が課題とする問題群をすべて備えているというべきである．そして今も未解決な課題のほうが多い．

註

1) http://jssts.jp/content/view/15/27/
2) https://www.4sonline.org/
3) もちろん，人文社会科学の場合に，対象と独立に完全に距離を取った研究が可能か，という根本的な問題があることは確かである．通常の自然科学研究（観測問題を除く）のように，研究対象の「外部に」立つことができるのかという問いである．ここではこの問題に深入りしないが，engaged という考え方がこの問題と深く関わっていることには注意しておきたい．
4) Masterman (1970) は，パラダイム概念の多義性，曖昧さを批判した．クーン自身は『科学革命の構造』の第2版では，パラダイムという言葉の代わりに専門母型 (disciplinary matrix) という用語を導入し，修正したが，パラダイムという用語はその後もクーンの意図を超えて一人歩きしはじめた．パラダイムという語がこれほどの普及

をみた背景には，曖昧な概念ではあったが，この語が 1970 年代以降の科学研究のある
リアリティー（軍産複合体が推進する巨大科学の比重が増え，科学者自身がある種の閉
鎖社会での下請け仕事のような研究を行うようになったというアメリカの状況）を表現
していたということがあるのではないかと思われる．この点については，Fuller（2000）
参照．

5) クーンとポパー学派の論争は 1965 年に国際科学哲学コロキウムで行われた．その論
争をまとめたのが，Lakatos and Musgrave（1970）である．

6) しかし，サイエンスウォーズは科学者が STS をこの種の主張ととらえ，批判したこ
とによっておこったといえる．この点については，当事者の 1 人ラトゥールは，科学社
会学者側の理論的な失敗を認めつつ，誤解の部分を説明し，新たな社会学の出発につな
がったと自己評価している．Latour（2005）の第一部「社会的世界をめぐる論争を展開
させるには」の「第四の不確定性の発生源—〈厳然たる事実〉対〈議論を呼ぶ事実〉」参
照．また，Sokal and Bricmont（1998），金森（2000）も参照．

7) クーンのパラダイム論にも同様の方向性がみられる．クーンは多くの科学者の行動
様式を，パラダイムを疑わずにパズル解きに専心する「通常科学」として表現したが，
彼の理論にはこのような科学のあり方を批判する道具立ては存在していないように思わ
れる．むしろ，この種のパズル解きこそが知識の成長に必要だというメッセージを発し
ているようにもみえる．この点が，多くの科学者がパラダイムという言葉を自らの行動
を説明するものとして受け入れた理由であろう．そして，ポパーは「文明の危機」と叫
ばざるを得なかったのである．

8) ウィーン学団の綱領ともいうべき文書「科学的世界把握：ウィーン学団」（1929 年）
においては，学問（科学も含む）の形而上学的傾向の復活に警告し，方法論の改善によ
ってこの傾向を克服することが謳われている．そして，啓蒙主義やジョン・スチュアー
ト・ミルに言及しつつ，当時のウィーンでみられた成人教育運動や自由教育運動を高く
評価し，形而上学的傾向を克服した「科学的世界把握の精神が個人や公共の生活形式，
教育，しつけおよび建築術の形式に深く浸透し，経済および社会生活の形態が合理的な
原理に基づいて導かれるのを助ける」ことを目指している．「**科学的世界把握は，生活
に役に立ち，そして生活はこれを取り入れる**」（強調は原文）というのがこの文書の結
語である．この文書は，クラーフト（1990）の付録として収録されている．

9) ポパーにとって，科学哲学と政治哲学，社会哲学は裏表の関係であった．Popper
（1945, 1961）をみればこの点は明らかである．

10) Shapin and Schaffer（1985），また田村（1996）も参照のこと．

11) シェイピンとシャッファー（2016）の 32 ページ（2011 年版への序文）．

12) ちなみに，ルソー自身は民主政治の実現をあきらめているという．また，彼は「ジ
ュネーヴ市民」という肩書きを好んだが，当時の「市民」は十全な政治参加権をもつ特
権階級であり，その比率は 20 パーセント程度であった．木崎（2004），132 および 136
ページ．

13) 吉野川河口堰をめぐって 2000 年に行われた住民投票に対して，当時の建設大臣が
「可動堰建設をめぐる問題は，科学的・技術的な問題であって，それを住民投票で問う
のは，民主主義における投票行動としては誤作動である」と述べたことがある．また，
現在も英国の EU 離脱をめぐる国民投票，いわゆる「ポピュリズム政党」の各国での躍
進といった現象をどう考えるかは大きな課題である．

14) イギリス流の政治理論（political theory）の伝統に依拠するバーナード・クリックは，アメリカの政治科学（political science）を批判しつつ，アリストテレスが決して民主主義（デモクラシー）の擁護者ではなく，「知識という貴族政の徳とデモクラシーの権力および意見との混合こそが最善の国家を実現可能にする」と考えていたと指摘している（クリック 2004, 40）．

15) ここにいう「有徳性」が何であるかは大問題である．財産と教育（それも知識の）を強調するのが通例であるが，ルソーは知識ではなく感受性の教育を強調した点が注目される．

16) ここで，ポラニーが念頭においているのは，ソ連における科学技術政策の計画化やイギリスにおけるバナールのような人々の科学研究の効率化という主張である．しかし，20世紀は原子爆弾開発やアポロ計画，がん撲滅を旗印にした生命科学など，政策的方向付けによる科学の「進歩」が実現した世紀でもあった．現在も，イノベーションを旗印にした目的志向型研究が科学技術政策の中心となっていることは周知の通りである．

17) これは，科学が常に厳密で正しい客観性を備えた知識を提供しており，社会的問題に対するジャッジの役割を果たすとみなす科学観である（藤垣 2003，第3章参照）．

18) 科学に素人の一般市民に対して，「正確でわかりやすい表現」で科学知識を提示し，科学と技術の知的・技術的成果の社会的受容を促進する活動のことである．このような発想が限界を迎えていることについては，杉山（2002），小林（2002）を参照．

19) Thorpe（2008）は20世紀前半における科学と政治体制の深い結び付きを整理しつつ，1970年代以降のリベラリズム，多文化主義，フェミニズムなどの政治学的言説とSTSが提示する科学観の関連を論じている．

20) この点については，たとえば，村上（1999），ザイマン（1995）をみよ．

21) もちろん，科学の成果のすべてが簡単に改訂されていくわけではない．教科書に定着した知識の大部分はそう簡単には改訂されない．しかし，研究の先端部分においては，数年単位での改訂は常態といってもよい．

22) http://lsnes.org/outline/index.html を参照．

23) たとえば，Collins and Evans（2002）やコリンズ（2017）の問題意識はこの点にある．

24) http://horizons.mruni.eu/wp-content/uploads/2013/09/Vilnius-declaration.pdf

文献

アナス，ジュリア 2004：『古代哲学』岩波書店（原著は2000），第2章．

Bartlett, J. 2018: *The People vs Tech: How the Internet is Killing Democracy (and How We Save It)*, Ebury Press；秋山勝訳『操られる民主主義：デジタル・テクノロジーはいかにして社会を破壊するか』草思社，2018．

クリック，B. 2004：添谷育志・金子耕一訳『デモクラシー』岩波書店．

Collins, H. and Pinch, T. 1993: *The Golem: What Everyone Should Know about Science*, Cambridge University Press.

Collins, H. M. and Evans, R. 2002: *The Third Wave of Science Studies: Studies of Expertise and Experience*, Sage.

コリンズ，H. 2017：鈴木俊洋訳『我々みんなが科学の専門家なのか？』法政大学出版局；Collins, H. *Are We All Scientific Experts?*, Polity, 2014.

ダール，R. A. 2001：中村孝文訳『デモクラシーとは何か』岩波書店.

Etzkowitz, H. 2008: *Triple Helix: University-Industry-Government Innovation in Action*, Routledge；三藤利雄，堀内義秀，内田純一訳『トリプルヘリックス：大学・産業界・政府のイノベーション・システム』芙蓉書房出版，2009.

藤垣裕子 2003：『専門知と公共性：科学技術社会論の構築へ向けて』東京大学出版会.

Fuller, S. 1993: *Philosophy of Science and its Discontents, 2nd edition*, The Guilford Press, 83-4.

Fuller, S. 2000: *Thomas Kuhn: A Philosophical History for Our Times*, University of Chicago Press；中島秀人，梶雅範，三宅苞訳『我らの時代のための哲学史：トーマス・クーン／冷戦保守思想としてのパラダイム論』海鳴社，2010.

Hackett, E. J., Amsterdamska, O., Lynch, M. and Wajcman, J. (eds.) 2008: *The Handbook of Science and Technology Studies, 3rd edition*, MIT Press.

金森修 2000：『サイエンス・ウォーズ』東京大学出版会.

木崎喜代治 2004：『幻想としての自由と民主主義：反時代的考察』ミネルヴァ書房.

小林傳司 2002：「科学コミュニケーション：専門家と素人の対話は可能か」，金森修，中島秀人編『科学論の現在』勁草書房.

小林傳司 2004：『誰が科学技術について考えるのか：コンセンサス会議という実験』名古屋大学出版会.

小林傳司 2007：『トランス・サイエンスの時代：科学技術と社会をつなぐ』NTT 出版.

クラーフト，V. 1990：寺中平治訳『ウィーン学団：論理実証主義の起源・現代哲学史への一章』勁草書房.

久保明教 2019：『ブルーノ・ラトゥールの取説』月曜社.

Kuhn, T. S. 1970: *The Structure of Scientific Revolutions, 2nd edition*, Chicago University Press; 中山茂訳『科学革命の構造』みすず書房，1971.

Lakatos, I. and Musgrave, A. (eds.) 1970: *Criticism and the Growth of Knowledge*, Cambridge University Press；森博監訳『批判と知識の成長』木鐸社，1985.

Latour, B. 1987: *Science in Action*, Harvard University Press；川崎勝，高田紀代志訳『科学が作られているとき：人類学的考察』産業図書，1999.

Latour, B. 2005: *Reassembling the Social: An Introduction to Actor-network-theory*, Oxford University Press；伊藤嘉高訳『社会的なものを組み直す：アクターネットワーク理論入門』法政大学出版局，2019.

Masterman, M. 1970: "The Nature of a Paradigm," Lakatos, I. and Musgrave, A. (eds.) *Criticism and the Growth of Knowledge*, Cambridge University Press, 59-90.

マートン，R. 1961：森東吾，森好夫，金沢実，中島竜太郎訳『社会理論と社会構造』みすず書房；Merton, R. K. *Social Theory and Social Structure*, Free Press, 1949, rev. ed. 1968.

村上陽一郎 1999：『科学・技術と社会：文・理を越える新しい科学・技術論』光村教育図書.

中島秀人 1991：「「科学見直し」の見直し」，小林傳司，中山伸樹，中島秀人編『科学とは何だろうか：科学観の転換』科学見直し叢書 4，木鐸社.

ポラニー，M. 1985：佐野安仁，澤田允夫，吉田謙二監訳「科学の共和国」『知と存在』晃洋書房；Polanyi, M.: "The Republic of Science" *Minerva*, I, Autumn, 1962.

Popper, K. 1945: *The Open Society and its Enemies*, Routledge.

Popper, K. 1961: *The Poverty of Historicism*, Routledge.

Popper, K. 1970: "Normal Science and its Danger," Lakatos, I. and Musgrave, A. (eds.) 1970: 51-58.

シェイピン，S., シャッファー，S. 2016：吉本秀之監訳『リヴァイアサンと空気ポンプ：ホッブズ，ボイル，実験的生活』名古屋大学出版会；Shapin, S. and Schaffer, S. *Leviathan and Air-Pump*, Princeton University Press, 1985.

Sokal, A. and Bricmont, J. 1998: *Fashionable Nonsense: Postmodern Intellectuals' Abuse of Science*, Picador；田崎清明，大野克嗣，堀茂樹訳『「知」の欺瞞：ポストモダン思想における科学の濫用』岩波書店，2012.

菅豊 2013：『「新しい野の学問」の時代へ：知識生産と社会実践をつなぐために』岩波書店.

杉山滋郎 2002：「科学教育：ほんとうは何が問題か」，金森修，中島秀人編『科学論の現在』勁草書房.

田村均 1996：「経験的知識の成立：所与・効用・社会」，森際康友編『知識という環境』名古屋大学出版会.

Thorpe, C. 2008: "Political Theory in Science and Technology Studies," Hackett, E. J. *et al.* (eds.) 2008: 63-82.

Turner, S. 2008: "The Social Study of Science before Kuhn," Hackett, E. J. *et al.* (eds.) 2008: 33-62.

ザイマン 1995：村上陽一郎他訳『縛られたプロメテウス：動的定常状態における科学』シュプリンガー・フェアラーク東京（原著は 1994）.

第2章 ものの見方を変える

藤垣裕子

STS は，日ごろあたりまえと思っている事柄の見え方を変えてしまう力をもつ．目から鱗が落ちる経験をさせてくれる概念がある．これらは，現代の日本の課題に対しても参考になる．本章では，これらを説明しよう．そのうえで，公共空間の構築および教養教育に STS が果たす役割について述べる．

1. 現実の見え方を変える STS

1.1　その現実は所与か

私たちは日常生活のなかで，ともすると現在目の前にある制度やモノを所与ととらえ，不変のものとしてとらえがちである．そして改革や変革をすることをあきらめてしまうことがある．しかし，STS の社会構成主義の考え方を応用すれば，現在目の前にあるものが所与ではなく，われわれの選択の結果今のものになったことを知ることができる．

社会構成主義とは，確立された知識や技術，現在当然視されている事柄はどのようにしてそうみなされるようになったのかを問い直す傾向を指す（Jasanoff 1996, 265-266）．当然と思われているものを疑い，所与としてとらえず，他の可能性のあることを考える姿勢である[1]．社会構成主義は，技術に応用されたときに大きな力を発揮する．バイカーは「技術の社会的構成」の著作（Bijker *et al.* 1987）において，1つの技術がたった1つの解釈をもつのではなく，関連する社会グループによって異なる解釈をもつことを示した．たとえば，初期の自転車はオーディナリーというもので，前輪と後輪の大

きさに差があり，前輪が大きく不安定な乗り物であった．若い男性の社会グループからは「かっこいい自転車」と解釈されたのに対し，当時の女性，子供，老人からは「危ない自転車」と解釈された．このように人工物は「1つの意味」しかもたないのではなく，関連する社会グループによって異なる解釈を得るのである．そして，初期の自転車オーディナリーは，安定性やのりごこちなどの価値から広く普及せず，前輪と後輪の大きさの同じものが選択されていった．それが今のふつうの自転車である．したがって，自転車は最初から現在目の前にある形であったわけではなく，社会の構成員の選択の結果，今の形になったのである．このように，技術の社会構成主義では，今ある技術は多くの可能性のなかから社会の成員によってそのつどそのつど選択された結果である，という立場をとる．

　別の例を示そう．情報技術の場合，これまでハードウェアが選択淘汰され，基本ソフトウェアが選択淘汰され，情報技術やブラウザが選択淘汰され，現在の形になってきていると考えることができる．同時に，今もさまざまな情報技術や情報をめぐる制度が選択淘汰されつつある時代にわれわれは生きているのである．われわれの今の選択は，将来世代の情報技術に影響を与えるのである．技術本質主義[2]をとると，パケットルーティング（インターネットのデータ転送のしくみ）の技術は中立であり，技術自体に問題はなく，もし問題がおきた場合は一般市民への啓蒙が大事，という立場をとりがちである．社会構成主義的にみてみれば，われわれ1人1人の選択が，次世代の技術に影響を与えうるのであるから，研究開発の初期段階という「上流」からリスクを予測し，それを研究開発にフィードバックすることが大事になる．実用化直前，あるいは実用化後という下流段階での啓蒙さえあればよい，という立場ではなく，技術開発と同時に社会への影響を考え，選択を公に開くことが必要となる．

　このように，技術の社会構成主義を「技術は社会的につくられる」と表現するのではなく，「技術は社会の構成員のそのつどそのつどの選択の結果である」と表現すると，次世代技術を選択するわれわれ市民の能動性や責任に言及することが可能になる．さらに，技術を制度におきかえれば，「制度は社会の構成員のそのつどそのつどの選択の結果である」となる．そして，制

度・規則は自分でつくるものという能動性，そして一度つくったものを何度でも書き換えることができるという（壁を固定して考えない）意識の醸成の基礎になる．壁を固定して考えない自由な思考（Open the mind）は，リベラルアーツの話とつながってくるのであるが，これについては第4節で述べる．

　このように社会構成主義の考え方は，「＊＊は社会的につくられる」というあたりさわりのない表現ではなく，「＊＊は社会の構成員のそのつどそのつどの選択の結果である」と表現することによって，さまざまな場面に応用することが可能である．政府の審議会や大学執行部の会議のなかで社会構成主義的考え方を応用するとどのような展望が開けてくるだろうか．たとえば科学技術・学術審議会では，東日本大震災後，日本の災害対策のあり方や研究者の社会的リテラシーのあり方が議論された[3]．次のステップに向かうために重要な視点は，これまでの災害対策も研究者の社会的リテラシーのあり方も，審議会や社会の構成員の「そのつどそのつどの選択の結果」としてそうなったという点である．将来的には，今年の選択や来年の選択が次世代の災害対策および社会的リテラシーを構成することになる．また，大学執行部の会議のなかの入試のあり方の議論に応用すると，入試のあり方は最初から今の形であったわけではなく，社会のアクターの「そのつどそのつどの選択の結果」としてそうなったのである．将来的には，今年の選択や来年の選択の結果が次世代の入試のあり方を構成することになる．

　社会構成主義を「現実が社会的に構成される」と表現すると，それを反実在論ととらえ，反実在論が正しいと思うならばビルから飛び降りてみればよいという言いまわしを想起する人もいるだろう（金森 2000, 102）．そのような認識論レベルの問いに社会構成主義を閉じ込める必要はない．現実を，社会の構成員のそのつどそのつどの選択の結果であるととらえることで開けてくる視点は確実にあるのである．

1.2　人工物は権力をもつか

　私たちはふだん，権力という言葉を使うとき，ある人物のもつ権力や人のつくった組織のもつ権力を想定する．権力は人に付随するものと無意識のうちに思い込んでいる．それではモノ，あるいは人工物は権力をもつだろうか．

これについて考えてみよう．

　米国の建築家ロバート・モーゼスは，ニューヨークのロングアイランド急行鉄道の橋を立体交差する自動車道に対して低くデザインした．そのために車高の高い公共バスは，市内からニューヨークの東にある保養地ジョーンズ・ビーチへ向かうことができなくなった（Winner 1986）．車高の低い自家用車をもつ白人群はジョーンズ・ビーチに行けるのに対し，公共交通であるバスを使う黒人群はビーチに行けなくなるという傾向が，この低い橋を建設することによって生まれた．技術者モーゼスの動機は，人種差別ではなかったかもしれない．またアフリカ起源の米国人はロングアイランドへ旅行する他の道を探すかもしれない（Joerges 1999）．しかしこの事例は，人工物というものが設計者の意図があろうとなかろうと政治的結末をもたらし（Kline, 2006）権力をもつ（ある人種を結果的に排除する力をもつ）ということを教えてくれる．

　そもそも権力とは何か．広辞苑を引くと，権力とは「他人をおさえつけて支配する力．支配者が被支配者に加える強制力」を指す[4]．上記の例でいえば，低い橋の建設は，「車高の高い公共交通を使わないと保養地に行けない他者をおさえつけて支配する力」をもち，「白人である設計者が黒人群に加えた保養地に行けないという強制力」をもったことになる．そのような意味で低い橋は権力をもつ．つまり，人工物は権力をもつのである．

　技術者には，もともとそのような意図はなかったかもしれない．しかし彼らの設計は，意図せぬ政治的結末をもたらすことがある．それが人工物の設計者が注意しなくてはならない点である．たとえば原子力発電所の設計は権力をもつだろうか．安全性基準の議論に住民を排除するよう働く場合，「他人をおさえつけて支配する力．支配者が被支配者に加える強制力」をまったくもたないとはいえないだろう．

　また，技術の設計プロセスにおいて価値が入り込むことにも注意が必要である．たとえば，インターネットの設計においては，セキュリティやプライバシーをどう扱うかについての価値が入り込む．そのため，相互運用性を考えながら設計する技術者たちは，相互運用性さえクリアすれば価値中立であると考えがちである．しかし実際には中立ではなく設計プロセスのなかに価

値が入り込む可能性があることが指摘されている（Shilton 2018）. 無意識に価値が混入することは, 人工物の権力論を論じるときに避けて通れない論点である. この論点は今後 AI の設計などにも注意が必要となる点である.

このような「人工物の権力性」を逆手に利用した作品群もある. 日本の彫刻家岡本太郎による「座ることを拒否するイス」である[5]. イスの上に目や鼻など, 人の顔を想起するものが書いてある. イスとはもともと「座る」ことをアフォードする[6] ものであるとあたりまえのように思われているのであるが, その思い込みをひっくり返してくれる. そして「座ることを拒否する」ようなデザインによって,「イスに座りたい他者をおさえつけて座れないよう支配する力」をつくりだしているのである.

1.3　科学的とは何か

2014 年はじめの STAP 細胞をめぐる騒動は,「科学的とは何か」をめぐる境界画定作業（後述）の宝庫であった.「現象が再現できなければ科学的とはいえない」「研究論文に不備があることと, 細胞が存在しないことの科学的証明とは別のことである」など, 多くの人が「科学的とは＊＊ということである」についての複数の定義を示して議論した.

さて, 科学的とは何だろうか. 物質的根拠があれば科学的である[7], 手続きを共有できれば科学的である（Porter 1995）, 数値にすることができ, 公理的方法が使えれば科学的である（Whitley 1977）, などさまざまな主張および言説がある. 科学的とは何かの問いは, 実は「＊＊がなければ科学ではない」という形で, 科学的であるものと科学的でないもの（非科学）とを区別するために用いられてきた. たとえば科学哲学者ポパーは, 反証可能性という概念を用いて, 反証可能であれば科学であるとした（Popper 1959）. 逆にいえば, 反証可能性がないものを非科学としたことになる. 科学社会学者マートン（Merton 1973）は, ノルムという概念を用い, 科学者集団には 4 つのノルム（知識の公有性, 普遍性, 公平無私, そして系統的懐疑）があるとした. これも, そのようなノルムがあればその集団は科学を営む集団であるとし, そうでないものを非科学とすることに使われる. 科学史家のクーンは, パラダイム（問題を解くための範型）という概念を提唱した（Kuhn 1962）.

これもパラダイムがあるものは科学であり，そうでないものを非科学とするのに使われる．

　科学論では，こういった「＊＊がなければ科学ではない」として科学的であるものと科学的でないもの（非科学）とを区別することを，境界決定問題（Demarcation-Problem）と呼ぶ．それに対して特にSTSでは，そのような区別をしようと「人びとが境界を引こうとする」ことを境界画定作業（Boundary-Work）と呼ぶ（Gieryn 1995）．後者では，科学と非科学の境界は「はじめからそこにある」のではなく，「人びとが引こうとする」ととらえるのである．境界決定問題では，科学と非科学を分ける"本質"を探ろうとするのに対し，境界画定作業では，人びとが境界を引こうとする作業をていねいに記述する．

　境界画定作業の概念を使うと，不正の疑われる論文が著名な雑誌に掲載されたときの人びとの行動をうまく説明できる．たとえば2005年から2006年にかけて韓国のファン・ウソク教授によるヒトES細胞に関連する捏造論文発覚の際，ネイチャー誌の編集委員会は，次のように主張した．「査読システムは論文に書かれているものは実際に真実であるという信頼の上に成り立っている．このことは書き留められるべきだろう．査読システムは，虚偽を含んでいるようなごく一部の論文を検出するためにデザインされているわけではない」[8]．科学者は，投稿されてきた論文に書かれていることは真実であるという前提のもとに，その論文が雑誌にふさわしいか否かで判断をくだすのである．

　しかし，査読システム[9]の判断の結果は，共同体の外からみると，真偽のふるい分けをした結果とみられている．同捏造論文発覚の際，一般紙は，「科学ジャーナルは，虚偽の報告をふるい分けする，重要なゲートキーピング機能を果たす」と主張した（Wade and Sang-Han 2006）．この一般紙の主張は，「査読システムとは，科学者が真偽の境界を引いている行為である」というものであり，査読システムを科学者による真偽境界の「境界画定作業」としてとらえている．

　現実には，上記ネイチャー誌の編集委員会の弁にあるように，科学者たちは査読システムを真偽境界の境界画定作業としてはとらえていない．査読は，

投稿されてきた論文はすべて正しいという仮定の上で行っており，小さな不正をみわけるために行うわけではない．ここに両者のギャップがある．査読は一般の人からみると科学と非科学を分ける境界画定作業であるが，科学者からみるとそうではないのだ．

この概念を応用すれば，STAP細胞をめぐる騒動の際の「現象が再現できなければ科学的とはいえない」という言説は，現象の再現可能性をもとに境界画定作業を行っていることが示唆される．また，「研究論文に不備があることと，細胞が存在しないことの科学的証明とは別のことである」という言説では，論文の査読における真偽の境界画定作業と，細胞の存在の証明における科学と非科学の境界画定作業は異なることを主張していることになる．

以上のように，科学的とは何かをめぐるSTSの理論の蓄積は，科学と非科学を分ける "本質" を探ろうとする境界決定問題に対し，人びとが境界を引こうとする境界画定作業をていねいに記述することによって，社会で流通する「科学的とは」をめぐる思い込みや通念を白日のもとにさらすことができる．

1.4 科学は常に正しいか——固い科学観再考

さて，前項では，社会で流通する「科学的とは」をめぐる思い込みや通念を「境界画定作業」という言葉を用いて考えてきた．市民が科学に対してもっているイメージと，現実の研究との間のギャップを，今度は「作動中の科学」という概念[10] を用いて説明してみよう．

われわれは，科学史で，「19世紀においてはXが真実と考えられていたが，現在ではYが真実であると考えられている」という種類の記述をみても，驚きはしない．科学的な知識が「作動中」であり書き換えられることを理解しているわけである．ところが，科学と社会との接点で起こる問題となると，人々は「科学は常に正しいことをいっているはずなのに，なぜ答えが変わるのか」といって批判をしはじめる．たとえば水俣病の原因物質は，有機水銀であることがすぐにわかったわけではない．1956年に水俣病患者が公式に発見されて以来，マンガン説，セレン説，タリウム説など多くの説が報道された（杉山 2005, 7）．これは，科学的知見はつくられつつあり，科学は常に

「作動中」であるということ，科学的知識が常に現在進行形で形成され，時々刻々つくられ，書き換えられ，更新される，という性質からすると，まったく正常なことである．ところが，当時の人びとは，原因物質が二転三転すると，「科学は常に正しいことをいっているはずなのに，なぜ答えが二転三転するのか」といって批判をし，ついには原因物質の探求をしている科学への信頼を失ってしまったという経緯がある．

このような人びとの反応から，市民のもつ科学のイメージとして，「科学は常に正しい」「いつでも確実で厳密な答えを提供してくれる」といったものがあることが推測される．そのようなイメージがあるからこそ，「確実で厳密な科学的知見に基づいて決定しないといけない」「確実で厳密な科学的知見がでるまで原因特定してはいけない」ということになる．これらの言説は，科学的探究の現実の姿とは異なる．科学的な知見は常につくられつつあり，新しい事実や発見によって書き換わるというのが科学的探究の現実の姿である．作動中の科学のイメージを柔らかい科学観だとすれば，「いつでも確実で厳密な答えを提供してくれる」という科学観は，固い科学観と言える（藤垣 2005）．水俣病や薬害エイズ対策や BSE（牛海綿状脳症）対策などで，日本政府の対策の遅れが国際的に批判されるケースがある[11]が，このような遅れの一因には，固い科学観を基礎とした上記のようなイメージがある．これは行政だけでなく，一般市民も共有している．

科学の公衆理解を研究している研究者のミラーらは，「現実の科学がどのように動いているのか」を理解する必要性を指摘している（Miller 2001, 115）．科学研究のプロセスを説明し，科学者の日々の努力によって，時々刻々正しい知見が書き換えられ更新されていくプロセスを説明することである．そのことによって，科学に対するイメージのギャップを埋め，科学者と市民のコミュニケーションギャップを埋めることが可能となる．

1.5 定量化と政治的圧力

数値というものはわれわれの生活の隅々まで浸透している．偏差値しかり，視聴率しかり，である．しかし，巷で流通している数値をそのまま信用するのではなく，1つの数値が定義されるその場面に立ち返って再考することが

必要である.

　ではなぜ，社会のなかで定量化がすすむのであろうか．どうして物理法則や分子の研究で成功した方法が，社会の事象を扱うにも妥当と認められるようになったのだろう．科学史家ポーターは，19世紀から20世紀にかけての英国，フランス，米国における保険数理士の数値への信頼の比較研究から，この問いに答えを用意している（Porter 1995, 147）.

　ふだん，定量化とは，不当な政治的圧力が加わらなければ，客観性を追求するために推進されるといわれている．しかし，史実の分析から，実は逆であることが判明した．定量化とは，力をもつ部外者が専門性に対して疑いの目を向けたときにこそ，発生するのである．政治的圧力さえなければ客観性が保てるのではなく，圧力にさらされてこそ，その適応として客観性がつくられるのである．生徒を類別するためのIQテストや，公衆の意見を定量化するための世論調査，薬を認可するための洗練された統計手法や，公共事業を評価するための費用便益分析やリスク分析，これらはすべて，米国の科学および米国文化独特の産物である．つまり，建国の歴史も浅く，専門家がエリートとして信頼されることのない米国社会で，市民からの疑いの目や社会からの圧力に対抗するために，これらの定量化は発展したのである.

　以上のようにSTSの理論は，「確立された知識や技術，現在当然視されている事柄がどのようにしてそうみなされるようになったのかを問い直す傾向」をもつ．そのことによって，Open the mindの視点を提供することになるのである．次項では，こういったSTSの概念が分野横断的であり，かつ分断を統合する可能をもつことを示そう.

2. 分野の分断を統合する力をもつSTS

　日本ではとくに，一度つくってしまった組織や制度の壁を所与と考える傾向が強い．このことは組織や制度に限らない．概念の壁あるいは学問分野間の壁についてもいえる．たとえば欧州では市民運動論と社会構成主義と，科学と民主主義への関心の高まりは連動していることが示唆される（Beck 1986 ; Feenberg 1999）．ところが日本においては，市民運動論は環境社会学で，

社会構成主義は主にフェミニズム研究で[12]，科学と民主主義は科学技術社会論（STS）でというように，もともとつながっている潮流が別々の研究領域に分断されている例は少なくない（藤垣 2005, 41）．

　科学論における社会構成主義の代表的著作は，1966 年の Berger and Luckman をはじめとして 1970 年代から 1980 年代に書かれている[13]．そのため 1970 年代に日本で独自に展開された運動論のなかには社会構成主義的発想（確立された知識や現在当然視されているものがなぜそのようにみられるようになったのか，知識に権力が発生するプロセスへの問い直しの発想）が反映されているものがあまりみられない[14]．日本の市民運動論における対抗的科学の発想は，科学の権力を固定した上で，権力と結び付いた体制化科学の対極として，生活者の科学を唱えている（高木 1982）．社会構成主義を理論武装として使うと異なる形での展開が可能になるだろう[15]．

　また，第 1 節で扱った社会構成主義の考え方や，人工物の権力論，定量化と政治的圧力をめぐる STS の理論の蓄積は，いずれも人の気付かないところに権力性が入り込んでいることを暴くという意味で，フーコーの思想に近いものがある[16]．しかし，フーコーというと「フランス思想」というカテゴリーのなかに閉じ込められてしまうのが日本の現状である．実はこの思想は，あらゆる分野に影響が及んでいるのである．もともとはつながっている思想が，日本では分断されて紹介されてしまうことの 1 つの例だろう．

　別の例を挙げよう．イギリスのウェルカムトラスト[17] では 2003 年から 2006 年に芸術（Arts）が生命科学と関与する資金提供プロジェクトとして Pulse というものを実施し，生命倫理がからむ課題に演劇を使った試みを行っている．さらに，Pulse プロジェクトの後，For the Best というプロジェクトが芸術分野の資金提供を受けており，腎臓病の子どもと家族の経験を，院内学級の子どもたちによる演劇で表現する，ということに取り組んでいる[18]．これをみると，participatory arts project（参加型芸術プロジェクト）という言葉が使われている．日本でいえば，教育における「アクティブラーニング」と，科学技術社会論における「市民参加」と，芸術家による「一般市民の芸術への参加」という，それぞれ別の文脈で語られているものの統合体のプロジェクトが動いていることが読み取れる．こうした統合体が，別々

の研究領域に分断されることなく，境界を越える試みとしてそのまま生かされていくことが必要だろう．

　STSの担う役割の1つは，こういった別々の研究領域に分断されているものを，具体的な事例を通して統合していくことだろう．STSを形成する領域の1つである科学史の例を用いて具体的に説明しよう．たとえば19世紀のフランスで，橋および鉄道の整備で役割を果たしたのは，技術者養成に関わる教育機関であったエコール・ポリテクニーク（Ecole Politechnik）の卒業生であり，土木局（Corps des Ponts et Chaussees）のメンバーであった（Porter 1995, 114）．2つの機関を中心に国家エンジニアが形成され，戦後のフランスの原子力技術形成の基盤となる（Hecht 2009）．しかし，日本でフランスの地域研究を行う学科を訪ねても，このようなフランスの科学技術を対象とした研究者はほとんどいない．フランス研究というと文学や思想の研究が中心になってしまって科学技術やイノベーションの研究をする人を探すのが一苦労である．これは日本における文理分断の弊害だろうか．こういうとき，STSおよび科学技術史は，フランス研究と技術研究という別々の研究領域に分断されているものを，具体的な事例（たとえば原子力）を通して統合していく可能性をもつだろう[19]．

　同様のことは科学史だけでなく，現在動いている研究領域についてもいえる．たとえば近年ビッグデータを用いて急成長した新興企業であるGAFA[20]は，社会と共存するうえでのコストが求められはじめている[21]．大量のデータから利益を生み出すビジネスモデルを成功させ，国境や規制の枠組みを超えて成長してきたが，欧州を中心に課税強化，そして個人情報保護やコンテンツ監視の動きが広がっている．また社内人件費および配送費用の賃上げ圧力も高まりつつあると同時に，偽ニュースの拡散や情報流出などのトラブル対処のコストも膨らんでいる．こういった新しい企業のもたらす課題は，従来のように規制については法学，倫理については哲学，トラブル監視は社会学，といって別々に作業をするのではなく，たとえば「情報技術のELSI」[22]として分析するべきだろう．STSにはそのような統合の力が求められている．

3. 科学と社会の間を結ぶ STS——公共空間論

　科学技術と社会との接点では，さまざまな問題が生起する．具体的には，地球温暖化に対処するためにどうすべきか，ゲノム編集技術や遺伝子操作をどこまで社会は許容すべきか，人工知能研究をどうコントロールするか，原子力ガバナンスはどうあるべきか，などの課題がある．このような課題は，1980-90 年代には，主に専門家と関係省庁の行政官による閉じられた空間で議論されていた．このような閉鎖空間での意思決定を技術官僚モデル（Technocratic-Model）という（Jasanoff 1990）．専門家に答えが出せる課題であれば，そのような閉鎖空間で意思決定し一般国民はそれに従うという技術官僚モデルでこと足りる．しかし，専門家にも答えが出せない問い（ワインバーグの言葉でいえばトランスサイエンスの問い）[23] や，科学技術の倫理的・法的・社会的側面の問いとなると，専門家と技術官僚に閉じられた空間での議論では不十分となる．より広く利害関係者や一般市民に議論を開く必要がある．そのような開かれたモデルを民主主義モデルという．

　民主主義 democracy の語源はギリシャ語の demokratia であり，demos（人民）が kratia（権力）を握ることを指す．民主主義は「人民の」「人民による」「人民のための」政治であるのに対し，科学技術の知識生産は，「科学技術者の」「科学技術者による」「公共のための」知識生産である．そして，民主主義において人民は平等である必要があるが，科学技術ではその知識の妥当性の保証において科学技術者とそれ以外は対等ではない．そして，民主的な意思決定は開かれている必要があるが，科学技術の専門的知識生産は放っておくと閉じようとする性質をもつ（藤垣 2003）．このように，民主主義の定義と科学技術の知識生産とはもともと矛盾する性質をもつ．上記に挙げたような科学技術と社会との接点での具体的な課題は，科学技術と民主主義，あるいは科学技術と公共性の課題である．放っておくと閉じようとする性質をもつ科学技術の知識生産に対し，社会との接点での課題を意思決定する際，それを「開く」のが民主主義モデルである．

　それでは民主主義モデルをどのように構築すればよいだろうか．「公の問

題について公の議論をする場」[24] をつくる必要がある．そのような場をハバーマスは，私的領域としての家族，政治的領域としての国家，経済的領域としての（民間）社会から独立した自律的領域として，公共圏（Pubic-sphere）と呼んだ（Habermas 1962）．現代の科学技術の社会的責任を考えるうえでは，エドワーズによる公共空間の定義（Edwards 1999）のほうがしっくりくるだろう．エドワーズの定義によると，公共空間とは，(1) 民主的コントロールを必要とし，(2) 公共の目標設定を行い，(3) 利害関係者との調整を行い，(4) 社会的学習の場となる（Edwards 1999, 165）．たとえば原子力ガバナンスはどうあるべきかなどの課題は，確かに民主的コントロールが必要であり，公共の目標設定が必要となり（再稼働をするか，今後のエネルギー源をどうするかなど），利害関係者との調整が不可欠であり，原子力発電推進派と反対派の双方，および関係省庁，規制委員会，電力会社，地域住民等が相互に学習する場が必要である．公共空間の具体的な例として，言説の場としてのメディア，社会運動，テクノロジーアセスメント，市民会議の場などが挙げられている．本シリーズの第2巻および3巻で扱うテクノロジーアセスメントや市民会議（コンセンサス会議やシナリオ・ワークショップなど）は，公共空間，つまり公の問題について公の議論をする場である．

　科学および技術研究は常に未知の部分を内包しながら，その未知の解明を続けていく過程であるため，科学者にも長期影響が予測できないような状況で何らかの公共的意思決定を行う必要が出てくる．それと同時に，科学者の予測を越えて研究成果が社会に影響を及ぼす事態も発生する．このような研究の未知の部分への予測とコントロールは，専門家だけでなく市民および利害関係者による公共空間で行われるべきだろう．

　また，公共空間の課題では，既存の組織の壁を固定したうえで組織の責任を追及するだけで，問題が解決するわけではない．ある事件や事故がおきて組織や制度への批判が高まっているとき，日本では主に責任をもつとされる組織への攻撃という形で責任問題が語られる傾向がある．「Aという組織がXをしたから，けしからん」で終わってしまうことが多い．もちろん組織の責任を追及することは大事な点である．しかし，組織や制度を固定してそこに責任を配分して組織を攻撃し，組織外の人びとが他人事ですまされていた

ら，いつまでたっても公共空間の問題は解決しない．固定された組織の責任を考えることにとどまらず，その組織や制度をどのように変えれば当該問題がおこりにくくなるのかを皆で考えることが重要となる．新しい制度化への議論の参加が必須となり，組織外の人びとも他人事ではすまされなくなる．どのようにシステムを再編すれば日本が世界のなかで責任を果たしているとみなされるか，制度を再編する議論が公共空間では必要となるだろう[25]．

　それでは，そういった公共空間での議論を行うためには何が必要だろうか．おそらくは「少しでも不満があれば，批判があれば，自分のまわりのことに関しても声を上げて譲らない公共の議論のあり方，それを支えるメンタリティ」（三島 2015）が必要となるだろう[26]．そして，そういったメンタリティを鍛えることはリベラルアーツ論と無関係ではない．このようなリベラルアーツ教育に STS が果たす役割は少なくない．次項で詳しく説明しよう．

4. 壁を越える力をもつ STS——リベラルアーツに STS が果たす役割

　環境や健康，安全等に関わる日本の将来に関する国の意思決定を他人まかせにせず，自ら調べて考える力を養い，他者と議論する力を養うこと，つまりリベラルアーツ教育は公共空間を育むことにつながる．リベラルアーツとは，人間が独立した自由な人格であるために身につけるべき学芸のことを指す．ラテン語のアルテス・リベラレスを語源とし，古代ギリシャを源流とする概念であり，人間が奴隷ではなく自立した存在であるために必要とされる学問を意味する．この概念は，ローマ時代の末期に自由七科（文法学，修辞学，論理学，代数学，幾何学，天文学，音楽）の形で具現化され，中世ヨーロッパの大学での教育の礎を提供した．現代の日本に奴隷制度はないが，自立した自由な人格であるためには何が必要だろうか．現代の人間は自由であると思われているが，実はさまざまな制約を受けている．日本語しか知らなければ，他言語の思考が日本語の思考とどのように異なるのか考えることができない．また，ある分野の専門家になっても，他分野のことをまったく知らないと，目の前の大事な課題について他分野の人と効果的な協力をすることができない．気付かないところでさまざまな制約を受けている思考や判断

を解放させること，人間を種々の拘束や制約から解き放って自由にし，自立した思考をするために必要な知識や技芸がリベラルアーツである．

このようなリベラルアーツ教育を行ううえでSTSは有効である．本章第1節で示したように，STSの理論は，「確立された知識や技術，現在当然視されている事柄がどのようにしてそうみなされるようになったのかを問い直す傾向」をもつためである．このような問い直しの思考は，自らの思考を種々の拘束や制約から解き放って自由にするのに役立つ．

また，リベラルアーツは，ただ多くの知識を所有しているという静的なものではない．自分とは異なる専門や価値観をもつ他者と対話しながら，他分野や異文化に関心をもち，他者に関心をもち，自らのなかの多元性に気づいて自分の価値観を柔軟に組み換えていく思考力が必要である．したがって，異分野あるいは他のバックグラウンドをもった人や，他の組織に属する人と対話できる力が必要となる．

さて，異分野との対話から上記のような開かれた人格を涵養するためには，専門分野の枠をただ越えるだけではなく，枠を「往復」する必要がある．ここで往復には2種類の意味がある．1つは，異なるコミュニティの往復という意味であり，自らの専門性を相対化することである．2つ目の意味は，学問の世界と現実の課題との間の往復，あるいは専門的知性と市民的知性との間の往復の意味である（鷲田 2013）．往復することによってはじめて，1つの視点に拘泥せず，別の視点からものごとをみられる力が身に着く．三島憲一は，被害者の側へと視点を転換する能力は公共の議論がもつ重要な能力であると指摘する（三島 2015）．これは，公共空間（公のことを公で議論する場）を支える力はリベラルアーツ（視点の転換をする力を含む）であるといっているに等しい．

このような往復や視点を転換する能力を育成するためにもSTSは有効である．STSには利害関係者の意見が対立する際に，それぞれのフレーミングの違いを分析する手法をもつ[27]．このフレーミングの違いの分析は，リベラルアーツ教育において「立場を支える根拠を明らかにする」「前提を問う」[28]という作業を行ううえで有効である．さらに，STS教育ではロールプレイを導入することによって実際の社会の利害関係者の対立を体験する場

面があるが，この教育実践は，リベラルアーツにおける「立場を入れ替えてみる」「複数の立場の往復」[29] に役立つのである．

　こうしたリベラルアーツ教育は，実はシティズンシップ教育とつながっている[30]．シティズンシップとは市民性を指し，市民が市民権を責任もって行使することを指す．市民を単なる経済活動のなかの受動的アクターとしてみるのではなく，能動的な主体としてみる見方である．たとえば米国には，気候変動の公平性（クライメートジャスティス）を唱え，自国を含む先進国のCO_2排出量規制をめぐる行動は，負担の公平性という意味である種の不正義であると訴える運動がある．そのことによって米国政府を動かそうとする．そういったことを能動的に行うのがシティズンシップである（ドブソン2006）．このように，市民の側から世界を変えていくための市民の力，シティズンシップを涵養することは，明らかに公共空間を支えると考えてよいだろう．

　さらに，技術の社会構成主義を応用した「技術は社会の構成員のそのつどそのつどの選択の結果である」「制度は社会の構成員のそのつどそのつどの選択の結果である」という考え方は，次世代技術を選択するわれわれ市民の能動性や責任に言及することが可能になり，制度・規則は自分でつくるものという能動性，そして一度つくったものを何度でも書き換えることができるという（壁を固定して考えない）意識の醸成の基礎になる．つまり，「壁を所与と考えない人」「既存の壁を再編する制度設計をする人」の育成が可能になる．そこには，個人や組織の責任追及にとどまらず，新たな制度設計を行う力，制度・規則は自分でつくるものという能動性，そして一度つくったものを何度でも書き換えることができるという意識（壁を固定して考えない）の醸成がある．壁を固定して考えない自由な思考（Open the mind）は，リベラルアーツの原点でもある[31]．バートランド・ラッセルは，「教育の主な目的は，これまであたりまえと思われてきたことに対して問いを発し，疑ってかかるよう」勇気づけることであると述べている[32]．つまり，「確立された知識や技術，現在当然視されている事柄がどのようにしてそうみなされるようになったのかを問い直す」STS の理論は，ラッセルがいうところの疑う能力をわれわれに与え，リベラルアーツの原点である自由な思考を育む

のに役立つ．そしてそのような自由な思考は，既存の壁を所与と考えずに再編する制度設計をするシティズンの育成に役だつと考えられる．

註

1）　Challenging boundary that is constructed, but could be "otherwise". これは，国際科学技術社会論学会 2014 年年次研究大会（於ブエノスアイレス）のプレナリセッションで用いられた言葉である．
2）　技術は，社会の形態や要望にかかわらず「独立に」発展する，という立場．
3）　科学技術・学術審議会「東日本大震災をふまえた今後の科学技術・学術政策の在り方について」（建議）平成 25 年 1 月 17 日．
4）　『広辞苑第 5 版』岩波書店，1998.
5）　たとえば http://www.taromuseum.jp/introduction/okamotos/taro/otozureru/a_7_2b/a_7_2b11.htm 参照（2018 年 10 月 29 日現在）．
6）　アフォーダンスとは，アメリカの知覚心理学者ジェームズ・J・ギブソンによる造語であり，環境が動物に対して与える意味のこと．モノに備わった，ヒトが知覚できる「行為の可能性」を指す．たとえば，タンスに引手があれば，そのタンスは人間に対して「引くという行為」をアフォードしていることになる．同様に，イスはその形状から，座ることをアフォードしている．
7）　たとえば，「ある物質を単離したり，ある構造を写真にとったりということができないのでは，一人前の科学ではない」（松山圭子，科学・技術・社会，1994, 3, 83）という主張がこれにあたる．
8）　*Nature*, 439（12 Jan 2006), p. 118.
9）　査読システムがジャーナル共同体（専門誌共同体）に果たす役割については藤垣（2003）参照．
10）　科学的知識が常に現在進行形で形成され，時々刻々つくられ，書き換えられ，更新されることを STS では「Science in the Making」（作動中の科学）と呼ぶ（Latour 1987).
11）　"Beef Scandal in Japan," *Nature*, 413, 2001, p. 333.
12）　たとえば上野千鶴子編『構築主義とは何か』勁草書房，2001.
13）　例として，Latour, B. and Woolger, S.（1979）および Knorr-Cetina（1981）など．
14）　たとえば科学者の平和運動に科学論争がなかったことについては中山（1995, 243）を参照．
15）　日本では科学の権力を固定したうえで，権力と結び付いた体制化科学の対極として対抗的科学の発想が練られがちであった．それに対し，欧州では，科学や知識の権力を脱構築したうえで，研究の上流工程からの市民参加を試みる政策（RRI）を展開していくことになる（藤垣 2018).
16）　フーコーは，知識の形成は社会的相互作用と文化背景の結果であると仮定し，真実とは，歴史的・社会的な条件に依存するとした．したがって，フーコーの影響を受けた意思決定は，隠された権力関係や社会の知識構造をあばき，知識と価値の相対性を強調する．（Renn 2008, 300）

17) 医学研究支援等を目的とする公益信託団体.

18) http://www.wellcome.ac.uk/Funding/Public-engagement/Funding-schemes/Arts-Awards/index.htm
http://annaledgard.com/wp-content/uploads/forthebest_evaluation.pdf（2018 年 12 月 30 日閲覧）

19) 原子力に対する 1 つの試みとしては Fujigaki（2015）参照.

20) グーグル，アップル，フェイスブック，アマゾンの IT 大手 4 社を指す.

21) 日本経済新聞，2018 年 11 月 4 日朝刊.

22) ELSI は科学技術の倫理的・法的・社会的側面（Ethical, Legal, and Social Implication）を指す. 1989 年に DNA の二重らせん構造の解明でノーベル賞を受賞したジェームズ・ワトソンが，ヒトゲノムプロジェクトの長として今後の研究の倫理的・社会的影響についての研究を NIH の予算を用いてやるべきだと主張したことからはじまるとされる. 米国では NIH に ELSI 予算が 1990 年から設けられ，カナダでは 2000 年から，英国，オランダ，ノルウェーでは 2002 年から，ドイツ，オーストリア，フィンランドでは 2008 年から関連予算枠が設けられ，全研究開発予算の数％をその研究の倫理的・法的・社会的側面の研究に用いることが試みられた.

23) たとえば，「運転中の原子力発電所の安全装置がすべて，同時に故障した場合，深刻な事故が生じる」ということに関しては，専門家の間に意見の不一致はない. これは科学的に回答可能な問題なのである. 科学が問い，科学が答えることができる. 他方，「すべての安全装置が同時に故障することがあるかどうか」という問いは「トランスサイエンス」の問いなのである（小林 2007, 124）.

24) 三島（2015, 53）が公共空間を言い換えた言葉.

25) このような制度を再編する議論を行ううえで，欧州の科学技術政策 Horizon 2020 のなからの RRI（責任ある研究とイノベーション）の考え方は役にたつ. RRI のエッセンスは「議論を開く」「相互に議論を展開する」「新しい制度化を考える」であり，制度を再編する議論が不可欠となる（藤垣 2018, 70-1）.

26) ここで声を上げて譲らない態度とは，自分を安全なところにおいて責任を取らないクレーマーという意味ではなく，自らも責任を取る覚悟をもって声を上げて譲らない態度を指す.

27) フレーミングとは，問題を切り取る視点，知識を組織化するあり方を指す.

28) 専門を学んだ後の教養教育（後期教養教育）で学生間の議論で行う作業を 8 つに分けることができる.〈問いを分析する〉〈言葉の 1 つ 1 つを吟味する〉〈問いを分類する〉〈論文を組み立てる〉〈立場を支える根拠を明らかにする〉〈前提を問う〉〈立場を入れ替えてみる〉〈複数の立場の往復〉となる（石井，藤垣 2016, 274）.

29) 同上.

30) たとえばフランスでは，市民教育の一環としての教養が大事にされており，教養教育の主眼は，成熟した市民（シトワイアン），よき優れた市民になることに置かれている.（山折哲夫，鷲田清一「教養をめぐる，経済界トップの勘違い」http://www.kokoro-forum.jp/report/toyokeizai0911/）

31) （リベラルアーツの目的は）こころを開くこと，直すこと，再定義すること，そして知識のなんたるかを知り，かみくだき，習得し，自分のものとし，使えるようにすること，そしてこころそれ自体の能力，応用力，柔軟性，秩序，批評の精度，洞察力，底力，

他者への態度，（そして）説得力ある表現に力を与えるものである（Newman, J. H., *The Idea of a University*, 1854）.

32）ラッセル卿が Mark Orfinger にあてた手紙（1962 年 3 月 26 日）のなかの言葉．Dear Bertrand Russell, a selection of his correspondence with the general public 1950-1968, George Allen and Unwin, 1969.

文献

Beck, U. 1986: *Risikogesellschaft*, Suhrkamp Verlag；東廉，伊藤美登里訳『危険社会：新しい近代への道』法政大学出版局，1998.

Berger, P. and Luckman, T. 1966: *The Social Construction of Reality: A Treatise in the Sociology of Knowledge*, Doubleday.

Bijker, W., Hughes, T. P. and Pinch, T. 1987: *The Social Construction of Technological System*, MIT Press.

ドブソン，A. 2006：福士正博，桑田学訳『シチズンシップと環境』日本経済評論社.

Edwards, A. 1999: "Scientific Expertise and Policy-making: The Intermediary Role of the Public Sphere," *Science and Public Policy*, 26(3), 163-70.

Feenberg, A. 1999: *Questioning Technology*, Routledge；直江清隆訳『技術への問い』岩波書店，2004.

藤垣裕子 2003：『専門知と公共性』東京大学出版会.

藤垣裕子 2005：「「固い」科学観再考：社会構成主義の階層性」『思想』No. 973, 27-47.

Fujigaki, Y. (ed.) 2015: *Lessons from Fukushima: Japanese Case Studies in Science, Technology and Society*, Springer.

藤垣裕子 2018：『科学者の社会的責任』岩波科学ライブラリー 279, 岩波書店.

Gieryn, T. F. 1995: "Boundaries of Science." Jasanoff, S. *et al.* (eds.) *Handbook of Science and Technology Studies*, Sage, 393-443.

Habermas, J. 1962: *Strukturwandel der Öffentlichkeit*, Suhrkamp; 細谷貞雄訳『公共性の構造転換』未來社，1973.（1990 年の新版の訳は細谷貞雄，山田正行訳，未來社，1994）

Hecht, G. 2009: *The Radiance of France: Nuclear Power and National Identity after WWII*, The MIT Press.

石井洋二郎，藤垣裕子 2016：『大人になるためのリベラルアーツ：思考演習 12 題』東京大学出版会.

Jasanoff, S. *et al.* (eds.) 1994: *Handbook of Science and Technology Studies*, Sage.

Jasanoff, S. 1990, 1994: *Fifth Branch: Science Advisors as Policy Makers*, Harvard University Press.

Jasanoff, S. 1996: "Is Science Socially Constructed: And Can It Still Inform Public Policy?" *Science and Engineering Ethics*, 2(3), 263-76.

Joerges, B. 1999: "Do Politics Have Artefacts?" *Social Studies of Science*, 29(3), 411-31.

金森修 2000：『サイエンス・ウォーズ』東京大学出版会.

Kline, R. R. 2006: "Research Ethics, Engineering Ethics and Science and Technology Studies, Introductory Essays," Micham, C. (ed.) *Encyclopedia of Science, Technology and Ethics*, Gale, 1 Cengage Learning Company.

Knorr-Cetina, K. D. 1981: *The Manufacture of Knowledge: An Essay on the Constructivist and Contextual Nature of Science*, Pergamon.

小林傳司 2007：『トランス・サイエンスの時代：科学技術と社会をつなぐ』NTT 出版.

Kuhn, T. 1962: *The Structure of Scientific Revolutions*, University of Chicago Press; 中山茂訳『科学革命の構造』みすず書房，1971.

Latour, B. and Woolger, S. 1979: Laboratory Life. *The Social Construction of Scientific Facts*, Sage.

Latour, B. 1987: *Science in Action: How to Follow Scientists and Engineers through Society*, Harvard University Press.

Merton, R. K. 1973: *The Sociology of Science: Theoretical and Empirical Investigations*, University of Chicago Press.

Miller, S. 2001: "Public Understanding of Science at the Crossroads," *Public Understanding of Science*, 10, 115.

三島憲一 2015：「70 年後のドイツ：議論による共同学習か，国家の利害か」『神奈川大学評論：特集・戦後 70 年と日本社会』81, 50-60.

中山茂 1995：「科学者の平和運動」，中山茂，後藤邦夫，吉岡斉編『通史日本の科学技術』，第 2 巻，学陽書房，238-45.

Popper, K. R. 1959: *The Logic of Scientific Discovery*, Harper; 大内義一，森博訳『科学的発見の論理（上）（下）』恒星社厚生閣，1971-72.

Porter, T. 1995: *Trust in Numbers, The Pursuit of Objectivity in Science and Public Life*, Princeton University Press; 藤垣裕子訳『数値と客観性』みすず書房，2013.

Renn, O. 2008: *Risk Governance: Coping with Uncertainty in a Complex World*, Earthscan.

Shilton, K. 2018: "Engaging Values despite Neutrality: Challenges and Approaches to Values Reflection during the Design of Internet Infrastructure," *Science, Technology, & Human Values*, 43(2), 247-69.

杉山滋郎 2005：「水俣病事例における行政と科学者とメディアの相互作用」，藤垣裕子編『科学技術社会論の技法』東京大学出版会，3-20.

高木仁三郎 1982：『わが内なるエコロジー：生きる場での変革』農山漁村文化協会.

Wade, N. and Sang-Han, C. 2006: "Researcher Faked Evidence of Human Cloning", The New York Times, 10 Jan.

鷲田清一 2013：『パラレルな知性』晶文社.

Whitley, R. 1977: "Changes in the Social and Intellectual Organization of the Sciences: Professionalisation and the Arithmetic Ideal," *Social Studies of Sciences*, 1, 143-69.

Winner, L. 1986: "Do Artifacts Have Politics?," *The Whale and the Reactor: A Search for Limits in an Age of High Technology*, University of Chicago Press, Chap. 2; 吉岡斉，若松征男訳『鯨と原子炉：技術の限界を求めて』紀伊國屋書店，2000.

第3章 技術とは何か

柴田 清

　B. フランクリンは人間とは道具をつくる動物と規定したという．また，H.-L. ベルクソンは，現生人類をホモ・サピエンス（賢いヒト）ではなく，ホモ・ファーベル（つくるヒト）だと定義したとされる．「技術」は人類の繁栄をもたらしたおそらく最大の要素であり，人間にとって技術による制作という行為は切っても切れない関係にある．

　「科学技術」[1] も含めて「技術」は現代の物質的な豊かさを実現してきた一方で，さまざまな無視できない負の影響も生み出していることも間違いない．科学技術社会論あるいは科学・技術と社会（以下，STS）が扱う科学・技術と社会の界面において発生する諸問題のなかでも，直接人間社会と向き合うのは科学よりも技術のほうであることが多いはずであり，技術の的確なコントロールが必要である．コントロールのためにはその性質を知る必要がある．

　しかし，技術に関しては，STS ではもう一方の科学に比べて論じられることが多くない．そのうえ，周知のように技術と科学はその出自をまったく異にする営為でありながら，科学技術という名のもとに，技術は科学の一部であるかのようなとらえ方をされることも多い．技術が科学の一部であるかのような扱い方は日本だけのことではない．たとえば，「すべてのアメリカ人のための科学」（全米科学振興協会 1986）でも数学とともに技術が科学の一部として扱われている．科学と一体化した「科学技術」として社会との相互作用を論ずれば済む話だろうか．あるいは，まだ技術は技術として，科学（科学技術）と分けて考えるべき問題があるのだろうか．科学技術として科学と別個に吟味しなければならない問題は確かに存在する．当事者である技

55

術者はこの分野で議論される問題にどう関わっていけばよいのか．無関係を
装っていてよいのだろうか．

　そこで，本章では技術とは何か，科学との対比を意識しながら，また歴史
的な経緯も交えながら，技術をコントロールすることが可能か，可能であれ
ばどのようにすればよいのかという観点から STS およびその周辺分野にお
ける議論を振り返る．

1. 技術論とは──労働手段体系説と意識的適用説

　第二次世界大戦前から，わが国において技術の本質に関する定義について
のかなり激しい議論が行われた．おおまかに分類すれば，「労働手段の体系」
説と，「意識的適用」説である．

　「労働手段体系説」は，1930 年代からの唯物論研究のなかで，相川春喜，
岡邦雄，永田広志らによって「技術とは労働手段の社会的体系（体制）であ
る」と提唱されたものである（たとえば渡辺 1986）．ここで，「労働手段」と
は道具，機械，装置，設備といった生産手段の主体であって，それらが単に
存在するだけでは生産の役に立たず，人間の知識や技能によって統合されて，
規則に従って働かされて「技術」と呼べるようになる．つまり，技術とは
個々の労働手段ではなく，労働手段の体系であるという[2]．

　労働手段のシステム化に注目したという点では，「自然科学と人文・社会
科学の複数領域の知見を統合して新たな社会システムを構築していくための
技術」と吉川弘之のいう「社会技術」（吉川 2000）に重なるところがある．

　他方，「意識的適用説」は戦後，武谷三男，星野芳郎らによって，「技術と
は人間実践（生産的実践）における客観的法則性の意識的適用である」とさ
れたものである（たとえば渡辺 1986）．ここで「客観的法則性」とは科学的
法則といいかえることもでき，「技術」は科学法則の応用であるということ
になる．人間による生産的実践としての技術は人間行動の目的意識に自然法
則を合理的に適用したものであるという主張と理解できる．また，技術は科
学の応用であるという理解にもつながっている[3]．労働過程における人間の
労働の目的意識，および労働手段・労働対象の合目的性といった労働におけ

る主体性を強調したところが「労働手段体系説」との違いとして際立つ.

目的遂行のためにその技術がもっとも有効に働くような技術体系（労働手段）を意識的に工夫・選択する場合に，生産手段の所有形態や階級性が関わってくる．生産手段の所有者はその技術を最大限に活用するように，利益が最大になるように生産手段の体系を設定する（意識的適用）．技術に関する武谷の「法則性の意識的適用説」は技術を有効に活用させるために，どのような技術体系を選択すべきかという問題に関わる.

このような「技術論」については長期にわたって激しい論争が行われたというが，1970 年代以降あまり発展はみられないように思われる．この間の経緯は中村静治の『技術論論争史』（中村 1995）にくわしい．どちらの論も技術がどのように発展するかに本質的な関心があったはずだが，筆者にとって，どちらも同じ対象を別の角度からみているだけのことにように思える．また，それぞれその見方ですべてが見通せているものでもない．この論争当時とは技術の中味も異なってきている．労働体系説論者にも分類されることがある戸坂潤は，技術は労働手段と同様に社会科学的な概念であるとし，「恐らく技術という俗語はそのままでは科学的な範疇とはならないものだろう」（渡辺 1986）と述べている．吉岡斉（1998, 6-667）は「どちらの学説もそれぞれ，技術と呼ばれる現象のもつ基本的特徴をとらえており，それぞれに有効な定義である．また両者は互いに矛盾することもない．分析視角に応じて使い分ければよいのである」，「実際には，技術と呼ばれる現象のもつ基本的特徴を余すところなく，一節の文章で記述することは不可能である．技術論論争が当事者以外の関心をほとんど喚起することもなく，忘れ去られようとしているのも無理はない」と結論付けている．さらに，村上陽一郎（1986, 205）は『技術とは何か』の「あとがき」で，「「技術」なるものを，一つの「技術論」という形で，学問的に論じることは，技術という概念の性格上から，不可能ではないか」（村上 1986, 205），「ある社会的な文脈のなかで抽象化されてくる「技術」を個々に論ずることができれば，それでよいのではないか」（村上 1986, 207）としている.

議論における用語の定義は当事者間の誤解を防ぐために重要であるが，議論の幅を狭めてしまう可能性もある．また，相手にわかるように定義できれ

ばどんな定義でもそれなりの正当性をもつ．その定義によってどのように豊かな議論が広がるかも影響される．しかし，本章では当面，一般に流布しているように，技術は目的実現のための諸手段であるという広い定義で話を進める．

2. 技術の評価と制御の可能性——価値中立性

　経済の活性化（再生）に向けたイノベーションのための新技術開発が求められている[4]．他方，技術は人間社会に恩恵とともに災厄をもたらす．当然，ネガティブな影響は回避するなり軽減したい．技術開発の促進にせよその制限にせよそのどちらのためにも，技術を評価し[5]，望ましい方向に導かなければならない．技術というものがどのような価値や性質を有するのか，技術は何によって駆動され，どのように制御すればよいのかがわからなければならない．その観点から，本節では技術に関する価値評価の「中立性」について検討する．

　科学理論（科学知）は価値中立であると主張されることが多い．それは，自然法則が人間の価値意識（利用価値）とは無関係に客観的に存在していて，その存在としては利用価値とは無関係であるという考えに基づいている（たとえば菅野 2015, 380）．

　しかし，科学の場合でも，理論的な正確さや普遍性については存在価値の大小評価もあり得るため，価値とは無関係（没価値）ではないともいえる．ただし，この場合は世界の有様を理解するという目的に対する利用価値とみなすことができ，拡大解釈すれば科学知も目的実現のための手段である技術であるということになる．また，科学知も核兵器などの人類に禍をもたらす意図で利用できるため，価値中立とはいえないという主張もある（宗川 2014, 55）が，こうなるとまさに技術とかわらない．科学知が，ある実利的な目的のために利用されるとなると，それは技術知に変質し，価値中立とはいえなくなる．近年の科学研究の大部分は，研究資源獲得の名分として社会的な目的実現をうたっており，こうなると「技術」の側面が強くなり，価値中立とはいえなくなる．また，時代や地域の社会的な価値判断が自然法則の発見に

影響を与えることが実際にあった．その意味で，どのような科学がその社会に存在するかは，その社会の価値観に依存する．

　技術は本質的に善悪の価値評価を問う対象ではないとみなす考え方が「道具説」と呼ばれる．この考え方によれば，技術は外部から与えられた目的を実現するための単なる手段であり，技術の善悪はその利用目的あるいは使い方によるとする．技術そのものについては，善用・悪用いずれにも利用できるから利用価値も中立的であるといえるという主張がある．また，技術は誰がいつどこで利用しようと同じように有効に働くものであり，その目的と利用方法は技術の使用者が決めるもので，技術自体が判断するものではないから価値中立だという主張もある（菅野 2015, 380）．一方で，実現すべき明確な目的をもった技術は，その目的に応じて善悪や価値の大小があり，価値中立とはいえないという見解もみられる．

　本章第 1 節で紹介した「意識的適用説」の立場によれば，技術は，人間がある特定の目的をなし遂げるために，法則（性）を意識的に適用するのであるから，利用目的が特定化されているゆえ，利用価値と切り離せない．しかも，技術が何らかの目的を実現するために利用されれば，それによって利益を得る社会集団も不利益を被る集団（個人）も存在しうるので，結果として中立はありえない．技術には内在する政治的価値があるという例としては，L. ウィナー（L. Winner）（2000, 50）が紹介しているロングアイランド高速道路高架橋の橋桁高さによる人種差別や，マコーミックの鋳造工場機械化による労働組合対策が名高い．

　Winny 事件[6] 裁判の一審判決では，ソフトウェアそのものは価値中立であり，悪用の可能性が認識されていても開発行為は犯罪ほう助にはあたらないとされた．技術の開発とその実装を分けて考え，目的（利用価値）は技術の開発者が決めるものではなく利用者が決めるものであるという判断である[7]．

　加藤尚武（2001, 71）は，「科学／技術が人間を支配する」（逆にいえば，人間社会が技術を支配することが可能か），について「諸刃の刃か，魔法の箒か」という問のたて方で考察している．技術が「諸刃の刃」であるとは，技術は使い方次第によって「よい」（良い，好い，善い）結果でも悪い結果でも生み出し，その結果に対する責任は技術自体になく，それを使う側にあ

るという考えである．使い方次第で善にも悪にもなるという点では，前述の
「道具説」と同じである．一方，「魔法の箒」とは，暴走して止まらないもの，
外部から制御が効かない技術の比喩である．自分で自分のスイッチを入れる
ロボットが例示されている．このように，技術が外部からの干渉を受けずに，
自らの変化を生み出す能力をもつという考えは「実体説」，あるいは「自立
的存在説」といわれる．ここで，加藤は，「『使い方次第』という表現に，
『技術に対する自律的判断が可能』という意味が含まれるところに，『諸刃の
刃』という観念の落とし穴がある」（加藤 2001, 71）としている．つまり，そ
もそも技術には特定の目的実現に貢献する使命があり，その目的から逸脱が
できないので，「使い方次第」というためには，その目的意図から完全に自
由な判断を下す主体がその技術を支配している構造が必要になる．しかし，
技術を保持している当事者が無私の立場でその技術の目的の価値・是非を判
断するのはかなり難しい．個々の技術が中立な単なる「諸刃の刃」であって
も，それを律する技術なり人間なりを含む技術システムは自己言及型のロボ
ットのような「魔法使いの箒」になりかねない．

　常識的には，価値中立な要素としての技術があり，それらの技術を利用す
る技術システムは価値依存とはできそうだが，その要素技術開発行為に関し
ては価値判断の主体，責任の問い方に関わる議論は定まっていない．クラン
ツバーグの法則（Kranzberg's Laws）[8] では，その第1法則として「テクノ
ロジーは，善でもなければ悪でもない．そして，中立でもない」（Technology
is neither good nor bad : nor is it neutral）とされている（竹山 1993, 734）．

　「諸刃の刃か，魔法の箒か」について加藤は結局のところ技術の責任主体
の問題であると指摘している．制御が利かなくなるのは多様な技術の組み合
わせからなる技術システムである．技術の是非を判断するためには，技術か
ら離れた外部に独立した主体がなければならないことになる．

3. 技術に関する「決定論」と「社会構成論」

　技術の制御を考えるために，技術はどのように発展してきたのか，また，
それを駆動するのは何かを踏まえておく必要がある．技術発展に関しては

「技術決定論」に対する「（技術の）社会構成（構築）論」という構図が描かれることが多い[9]．

3.1 技術決定論

「技術決定論」とは，技術的な発明が社会の変化を決め，歴史を駆動する動力となるという考え方である．また，技術は社会的ニーズとは独立に自律的に発展し，自らの性格を決め，次の技術を生んでいく．「技術の本質主義」，「自律説」，「自立的存在論」などとも呼ばれることがある．確かに技術的に不可能なことはどれだけ社会的ニーズがあっても実現できない．その意味では技術には社会のありさまを決定する力がある．木田（2013, 4）は，科学が理性から生まれ，技術が科学の応用であるとすれば，技術は理性で制御できるはずであるが，技術は科学に先行して存在し，その発達過程で科学を生み出してきたように，自己運動し，制御できずに暴走に至るものととらえている．また，K. ケリー（Kevin Kelly）（2014）は『テクニウム：テクノロジーはどこへ向かうのか？』で，テクノロジーを相互に有機的に関係する生態系（テクニウム）として捉えると，これまでの技術の進歩が納得いく形で説明でき，「我々人類はテクノロジーによって定義される」としている．蒸気機関，電信電話，自動車など歴史的に人間の生活を大きく変えることになった技術的発明は枚挙にいとまない．こういった経緯から技術決定論は素直に受け入れられやすい．とくに，多くの技術者は顧客（あるいは上司）からの要求に応えることに専念させられているのが現状で，その技術で実現する価値・目的を判断できる立場にない．そのため，技術者がこのような「技術決定論」や「道具説」に親和的であることは容易に理解できる．

この考えに基づけば，社会が技術をコントロールすることができず，望ましくない社会情勢が「自然に」でき上がってしまうことにもなりかねない．そのような可能性を避ける目的で，社会を制御するための非民主的な構造をもつ統治機構ができ上がるという危惧も指摘される．技術の社会実装には，個人の天才的なひらめきと努力によって実現されることは稀で，さまざまな社会的立場の人びとの関与があって実現するのが普通である．多くの立場の人間が関わることから，「技術決定論」に異義が唱えられるのも当然であ

ろう.

3.2　技術の社会構成論（Social Construction of Technology: SCOT）

　技術はある社会的集団がその目的を達成するために選択する中立的な手段であると考えるのが，「技術の社会構成論」，あるいは「非自律説」である．前節の「道具説」と重なる部分が多い．その代表として取り上げられるのがピンチとバイカー（T. J. Pinch and W. E. Bijker）（1987, 17-50）による SCOT（Social Construction of Technology）である．手段である技術が目的との関係で選択されるとき，表面に現れないものも含め，社会的な交渉や合意が重要な役目を果たすことにとくに注目する.

　SCOT は，科学知識の社会学（Sociology of Scientific Knowledge: SSK）の流れをくみ，技術決定論に異議申し立てをしたものである．技術の発展は単線的なものではなく，技術サイドが示すいくつかの可能性を，社会のなかの関連するグループ（社会関連グループ）がそれぞれのやりかたで解釈し[10]，選択する結果，ある技術は生き残り，ある技術は廃れていく（収結と安定化）とする.

　具体的な例としては，ピンチとバイカー（Pinch and Bijker 1987）による自転車の技術史が有名である．大きな前輪を直接駆動し速度の出るタイプから，前輪と後輪の間に跨りチェーンを介してペダルで後輪を駆動するタイプへの変化が，技術の論理ではなく，社会の文脈のなかで安全性や女性ファッションとの整合といった社会のなかのグループの嗜好等によって，技術に対する解釈が柔軟に示され，結果としての技術選択が現れたと示されている.

　決して技術の 100％ が社会によって決定されるとしたわけではなく，あくまでも「社会の技術決定論」の対案を示したものであるとの理解も必要である.

3.3　技術システムアプローチ（Technological Systems Approach: SA）

　ヒューズ（T. P. Hughes）（1987）は技術の変化を技術的側面と社会的側面を分離せずに一体システムとして説明する「技術システムアプローチ」を提示している．これはもともと歴史学的手法によって電力システムを例に近

代巨大技術システムの発展パターンを分析したものである．技術システムの発端になる発明から技術システムとしての普及に至る過程において，技術革新・移転・成長・競争・安定といった各段階において障害となる（システム外部の）技術上・経済上・政治上の問題を解決する過程を描き出した．実際に，エジソンは，技術上の問題（ランプのフィラメントの設計）と経済上の問題（既存のガス灯業者との価格上の競争）と政治上の問題（電力事業を発展させるうえでの法律的な枠組み）のすべてを同時に巧みに処理していた．また，国家ごとに法律や習慣，歴史，風土，文化という社会的な要素が異なるので，技術システムの性格にも違いを生じるとしている．

ヒューズ（Hughes 1987）は，「私は技術決定論には与しないし，社会的構築論にも全面的に同調しない」，「技術は社会を形成するし，また社会によって技術が形成されもする」と主張している．技術システムの表面的な（本質的に備わっているものではない）自律性を「技術的モメンタム（慣性力）」という言葉で認めており，「技術が社会を形成するし，また，社会によって技術が形成されもする」という因果関係の双方向性が必要であるとしている．

3.4　アクターネットワーク理論（Actor Network Theory: ANT）

カロン（M. Callon），ラトゥール（B. Latour），ロー（J. Law）らがカロンのアクターネットワークアプローチを技術に応用したものである．技術開発の過程において，人間だけでなく生物・無生物，自然物も多様なアクターとして同等に扱い，それらが相互に影響を及ぼすネットワークを構成して技術の社会的導入に影響を与えるとするモデルである．ANT そのものは科学・技術に留まらず広く現代の人間社会に関わる一般理論と考えられるが，技術に関していえば，「技術決定論」と「社会構成論」がそれぞれ技術と社会という二項対立を前提とし，片方が他方を支配するという図式にこだわっていることを批判している．ANT によれば人間だけでなく非人間（この場合は技術）も固有の目的をもったアクター（エージェントあるいはアクタント）であり，それらがお互いに関係しながら第3のエージェントを形成する．そして，そこで元々のエージェントがもっていた目的が「翻訳（エージェン

ト同士の相互作用）」され，さまざまな新しい目的を生む可能性が生じるという．ここで，人間エージェント固有の目的によって第3のエージェントの行為の向かう先が規定されるとすれば道具説（社会構成論）となり，非人間エージェントに規定されるとすれば自律説（技術決定論）になる（ラトゥール 2007）．

　具体的な例として，フランスにおける電気自動車の開発頓挫が取り上げられている．そこでは，電気自動車用の燃料電池を構成する要素の1つである水素イオンは「物」であるが，アクターワールドでは，企業や政府のような人的要素と同様なアクターになり，目的と役割をもつ存在となる．そして，代弁者となるアクターのフランス電力による翻訳によって，水素イオンはより安い触媒を求めるアクターとして働くとされる（Callon 1980）．

　ANTによれば，技術の開発から社会実装は単に技術者や関連する組織によるのではなく，ジャーナリズムや一般市民を含む社会的ネットワークの行為として成立する．技術の制御可能性に関して，久保明教（2018, 23）はANTをもとに，「（科学技術が人類の理性的な営みの産物であるはずだという感覚は）テクノロジーと人間が結びついて生まれるハイブリッドを事後的に人間側の意図や必要性に還元する『純化』に基づいている．私たちは技術を制御できないし，現にしていない」と述べている．もっとも「私たち」とはそもそも誰をさすか明確ではない．技術を制御しようとする主体の真の意図も，またそれがどのように形成されるかも明確ではない．

3.5 拡大された社会構成論

SCOTに関しては構造や制度の影響が軽視されているために技術発展の方向性が収れんするメカニズムが説明できないことなどの批判が寄せられた（たとえばWilliams and Edge 1996）．

　1980年代後半，バイカーはやや立ち位置を変えたようにみえる．すなわち，当初のSCOTでは，人工物には解釈の多様性・柔軟性があり，関連社会グループごとの解釈に従って人工物が分化，やがて安定化するとされた．しかし，バイカー（Bijker 1995）は，あるグループが問題解決に用いる概念や方法である「技術フレーム」における解釈の柔軟性が，技術と社会が一体化し

た存在である「社会技術アンサンブル」の変化を導くという分析のフレームワークを提示した．さらに，それらを用いて ANT, SA を SCOT と同じ「社会構築論」として位置付けようとした．

　社会的なものによって技術が構成され，技術的なものによって社会が構成される．どちらに注目するかによって技術決定論か社会構成論かになる．これを村田純一（1999）は「二重側面説」と命名している．

　また，特定の関連集団，とくに技術に関する決定を担う人びとが社会とは無関係に技術の動向を左右しているようにみえたとしたら，技術決定論に従って技術が展開されているように感じられるだろう[11, 12]．

　その後，技術の決定論に対する批判および技術の社会構成論に関する議論は，技術開発組織の形成やイノベーション推進の観点から「技術の社会的形成論」（Social Shaping of Technology: SST）として経営学の領域に移ったようにみえる．宮尾学によれば「技術の社会的形成」（Social Shaping of Technology: SST）とは，技術と社会が相互に影響を与え合いお互いを形成し合いながら発展していくプロセスを描くもので，「①技術決定論を批判し，技術の形成に対する社会的影響を提示する，②技術と社会の不可分を前提とし，それらが相互に形成される動態を理解する，③技術のブラックボックスを開き，技術の内容とイノベーションのプロセスに，社会経済的パターンを分析することを中心的な関心とする」とされている．（MacKenzie and Wajcman 1999; 宮尾 2011, 120-31）．

　また，原拓志（2007）は「技術の形成過程を，主体，物的存在，制度的・構造的要因の間で繰り広げられる社会的相互作用だと捉え，多様な制度的・構造的要因，主体，物的存在の相互作用を詳しい事例研究を通じて記述し，そこから一般化に通じるパターンを探し出したり，実践的なインプリケーションを引き出したりしようとする，社会科学の研究アプローチ」と位置付けた．さらに，原は技術の社会的形成の研究アプローチの特徴として，

　「①技術と社会を別個のものとして把握しながらも，それぞれは単独では
　　存在しえないものとみなす
　②制度的・構造的要因を議論の枠組みに入れる

③認識論的には相対主義をとりながらも存在論的には実在主義に近い態度
　をとり，技術の形成プロセスにおける物の制約を認める

という点を挙げ，分析アプローチとして技術が成立するプロセスを主体の行
為，制度的・構造的要因，物的要因の3点に着目して読み解き，事例研究と
して一連の説明を与えるとともに実践的なインプリケーションを引き出す」
としている（原 2007：宮尾 2011）.

4.　技術に関わる学と業

　本章では今まで「技術」という言葉を使用して議論を進めてきたが，「工
学」，「テクノロジー」，「エンジニアリング」といった言葉も「技術」と意味
が重なり合うところがある．これらの言葉は一般に必ずしもきちんと使い分
けられずに混用されていることがある．言葉の意味が時代とともに変化する
ことはやむを得ないことだが，議論の混乱を招かない注意が必要であり，そ
れらの意味の相違点について触れておきたい．

4.1　技術

　まず，「技術」という言葉の現代的な用法は，西周が 1870 年に Mechanical
Art の日本語訳として用いたのがはじまりという（たとえば平野 1999）．一般
に「技術」は Technology の邦訳と思われがちだが，上記のようにそもそも
は Art の訳語となっている．平野千博（1999）が紹介している飯田賢一の著
書には，中国や日本の古典において「技術」は現在と異なる意味合いで使用
されていたようで，たとえば江戸時代中期には知識人の身につけておくべき
最低限の素養を意味していたという．現在では，モノづくりというような物
質にこだわった用法もあるが，広くソフトウェアも含む目的実現のための手
段・手法ととらえるのが一般的な理解であろう．とすれば，科学を基礎とし
た応用であるかどうかは本質ではない．「技術」は科学とは離れて存在する
部分がある．

　ところで，日本独特の用語である「科学技術」は第二次世界大戦前のわが
国における技術官僚による造語である．公式の文書としては 1940 年に企画

院科学部で作成された「科学技術新体制確立要綱原案」がはじめてのようである（大淀 1997）.「科学技術」という言葉にはすでにこの時点で，単純に科学と技術を並列させる意味（科学と技術）と，科学的知識を応用した技術という意味（科学による技術）の双方があった．背景には明治以来の文官支配を打破したいという技術官僚の思いと，当時の国家主義的な政策目標実現のための総動員体制がある．科学を担当する文部省と技術を担当する商工省の縄張りを逃れるために「科学技術」という新語が生み出されたようである[13].

4.2 テクノロジー

「テクノロジー Technology」の語源はギリシア語の「テクノロギア」であり，「技・技巧」（主に建築の）を意味する「テクネー」と，「話す」「論理」を意味する「ロギア」の組み合わせとされる．その意味では「技術学」と訳するのが妥当なのかもしれない.

「技 Technique」は個人的に訓練や経験によって取得される手段・技法であり，それに logy が付いた 'Technology' は組織的な学習により習得が可能なように体系化されたものと考えられる．Technology は近代科学の発達に伴ってその知見が応用されるようになってからのもの，つまり科学的理解に基づくものという見方がある．さらに前述のようにわが国で生まれた「科学技術」を 'Technology' と同一視する見方もある．しかし，世俗的にはスポーツや美術，芸能における特殊な能力に関しても技術といっているように，それには注意を要するだろう．むしろ前述の「技術」は 'Technique' を含むものだと考えるべきであろう.

4.3 エンジニアリング

技術や Technology が目的達成のための個々の手段手法であるのに対し，複数の技術なり Technology を組織してより大きな総合的目的を実現する営為を Engineering というと考えられる．語源的に Engineering は，15 世紀ごろの要塞建築家・兵器製作者（ingeniator）（レオナルド・ダ・ヴィンチなど）が開発した新技術 ingenium に由来するという．'ingenium' の -gen- の

部分は「生む」という言葉を意味し，同じ語源の 'ingenious（独創的な）' は英語の 'genious（天才）' に通じる．ラテン語の 'ingenium' は「発明の才に富む知性」を意味し，エンジニアは特異な才能によって人工物を生み出す[14]．

　一方で，日本語で「エンジニアリング」は業態を表すのにも用いられる．総合建設業やプラント建設業はエンジニアリング企業を称しているし，近年の情報通信技術を扱う企業もエンジニアリング業と称している．顧客の要求に基づき，技術にとどまらないさまざまな要素を統合してパッケージとしての製品をつくり上げる営み（企て，プロセス）をエンジニアリングという例である．一般財団法人エンジニアリング協会[15] は「エンジニアリングは，細分化，専門化した「技術」と「知識」を一定の社会目標（の達成）に向けて結集し，新たな社会システムの構築やイノベーションに貢献する活動です」といっている．また，「エンジニアリングは「物」と「物」との組み合わせによって生まれる機能を追及するソフト技術といえるでしょう」と言い切る例もある[16]．日本技術者教育認定機構（2012）は「技術者」を定義するなかで，「エンジニアリング」を，「数理科学，自然科学及び人工科学等の知識を駆使し，社会や環境に対する影響を予見しながら資源と自然力を経済的に活用し，人類の利益と安全に貢献するハードウェア・ソフトウェアの人工物やシステムを設計・製造・運用・維持並びにこれらに関する研究を行う専門職業」と，前述のエンジニアリング協会より狭く定義している．

　STEM（Science, Technology, Engineering and Mathematics）教育という言い方があるように英語圏では Technology と Engineering は本来並列対比される別物であると認識されているようだが，STEM 教育の実態を垣間見た範囲ではでもそれらの違いを厳密に意識はしていないようである．また，「すべてのアメリカ人のための科学」（全米科学振興協会 1986）のなかでは，Technology が Science の一部として取り扱われている．あまり厳密な区分をせずに使用しているのは世界的現象であるようにみえる．また，北米の研究・教育機関では Science and Technology ではなく，Science and Engineering を称するところが少なくない．社会における問題発見から社会実装後の影響評価までを含めて Engineering と考えているものと思われる[17]．

4.4 工学

一般に「技術」の英語表記が 'Technology', 「工学」は 'Engineering' と
理解されることが多いが，わが国の現状を見れば，「工学」と 'Engineer-
ing' とは重なるところはあるものの，決して同一とはいえない.

徳島大学工学部[18] では入試案内に「工学とは」として次のように説明し
ている.

> 工学とは，通常「数学と自然科学を基礎とし，時には人文社会科学の
> 知見を用いて，公共の安全，健康，福祉のために有用な事物や快適な環
> 境を構築することを目的とする学問である」と言われています.
>
> 工学はその目的を達成するために，新しい知識を求め統合し，応用す
> るばかりでなく，対象の広がりに応じてその領域を拡大し，周辺分野の
> 学問と連携を保ちながら発展します. したがって，工学の定義は時代と
> ともに変化すると言えるでしょう. いずれにしても，技術を体系づける
> 科学であると言えます.
>
> 社会が高度技術化，人工システム化した現代においては，工学は広く
> 人工システムの開発企画・設計，製作，運用，保全のための基礎となる
> 学問ということも出来ます.
>
> ところで，従来から「工学」や「技術」に関する用語は明確な定義が
> なく，色々な提案がなされていますが，広く受け入れられているものは
> ないのが現状です. したがって，工学，工学者，技術者，工学技術者，
> 科学技術者，工学教育，技術者教育などの用語は絶えずその意味が時代
> とともに変更改善されています. わが国では通常，工学は，欧米のエン
> ジニアリング（engineering）よりもはるかに広く，かつ理学の分野も
> 含んでしまうような意味合いで使われています.

前半の記述は「工学」とは技術の学問であるかのような記述であるが，後
段では Engineering よりも広い分野とされている. 一方で，Engineering は
自然科学的な知識だけでなく，社会に関する理解も欠くことができない.

8大学工学部を中心とした「工学における教育プログラムに関する検討」[19]

では「工学」を,「数学と自然科学を基礎とし,ときには人文科学・社会科学の知見を用いて,公共の安全,健康,福祉のために有用な事物や快適な環境を構築することを目的とする学問」と定義し,単に科学的,技術的な知見にとどまってはならない必要性を示している.

自動車技術会の査読論文は,「工学的独創性を評価する研究論文」と,「技術的独創性を重視する技術論文」に分けられ,「工学」と「技術」とでは目指すものが異なることを示している.

「技術」, 'Technology', 'Engineering',「工学」のなかでもっとも用法が混乱しているのが「工学」であると思われる.「工学」といえば学問であり,'Engineering' に含まれる業の意味が薄く,自然科学の一部であろうとしているようにみえる.

4.5 技術などの担い手

わが国においては,古くは,技師とか職工,工人とかいう言い方があったが,現在では一括して技術者あるいはエンジニアといっている.日本技術者教育認定機構(2012)は「技術者」を技術業に携わる専門職業人としている.ここで「技術業」とは「エンジニアリング」のこととみなして差し支えない.そして,「技術者」の英語訳を 'Engineer' であるとしている.その一方で,大橋(2008)は技術の担い手の呼称に関して,エンジニア Engineer,テクノロジスト Technologist,テクニシャン Technician の区分を示している.大橋によれば,エンジニアは知識の応用力と構想力を中核能力とするものであり,テクニシャンは熟練技能を中核するもの,テクノロジストはエンジニアとテクニシャンの中間とされている.また,高度な工学系の科学知識と応用能力のもとに企画・開発・設計力が求められるのが Engineer(技術者),マニュアルなどにより定められた経験的な実務能力が求められるのが Technician(技能者),それらの中間にあるのが Technologist(的確な日本語表現なし)であるという記述もみられる.

文部科学省の「大学における実践的な技術者教育に関する協力者会議」では,エンジニアを開発設計職場における生産設計技術者,生産技術職場における生産技術者,製造職場における管理職技能者と分けている(文部科学省

2009).

Engineer が担当する営為が Engineering, Technologist が Technology, Technician は Technique に対応すると考えるのが妥当であろう[20].

4.6 Engineering と工学教育

わが国の大学で行われている工学教育はかならずしも技術者（エンジニア）養成教育とはなっていない．教育内容はほとんどテクノロジーである．前述のようにエンジニアリングは，社会のニーズに基づきテクノロジーを用いる目的を知り，社会においてテクノロジーを取捨選択し，社会実装の結果を評価するのであるから，エンジニアリングにはテクノロジー以外の文化，社会，政治，経済など多方面の知識も要する．しかしながら，日本の工学にはテクノロジー以外のこれらの要素があまり含まれない．エンジニアリングはテクノロジーだけでなく，それに対する社会的な欲求，あるいは技術が社会にもたらす影響の理解，さらにはそれへの対応なども含まなければならない．近年デザイン教育や PBL（Project/Problem Based Learning）の重要性が指摘されてはいるが，わが国の大学の工学教育では，テクノロジーなりエンジニアリングの目的についてほとんど触れられていない．わが国の工学教育はエンジニアではなく，技術者（テクノロジスト）あるいは技術研究者の養成になっている．

4.7 Engineering の特性

「工学」は科学的であることを志向するあまり，Engineering という行為の本質が取り扱われていない．実際のエンジニアの仕事は以下のような条件のもとになされる[21].

(1) ユーザーの要求を実現：本来，技術は実現すべきニーズがなければはじまらない．エンジニアはユーザーの要求を実現するために業務にあたるのが基本である．しかし，技術は自らニーズを要求することがある．普通は「必要は発明の母」というが，「発明は必要の母」という言い方もあり，実際にニーズやユーザー探しも技術に求められる．それは技術本来の特性ではなく，技術者の自己保存や名声追及，あるいは技術を用

いて経済的利益を得ようする資本家・投資家が望むことである．

(2) ユーザーの要求は両立しない：エンジニアの重要な業務はユーザーの要求内に存在するトレードオフの解消を目指し，要求のバランスをとることである．言い方をかえれば，諸々の要求の間の最適化を図ることになる．要求は普通，品質 Q，コスト C，納期 D，（近年は安全性 S を加えることがある）についてである．しかし，それにはどこかに無理がくる．最適化すべき QCD（S）のバランスは明示されないことが多いが，多くの場合 C が優先される．あるいは D を満たすために C を緩和することもある．トレードオフの解決のためにある要求の実現に制限を加えることもある．ある要求条件を意図的に除外する「想定外」を設定することも避けられないことがある．Q に拘わりをもち，C，D を軽視すると「職人」と言われることがある．

(3) 不均質な対象を扱う：天然のものは均質性を得るのが難しい．人工物であっても微視的にみれば不均質であるし（あたかも複合材料のようにそれを巧く利用することもあるが），材料は遅速の差はあれ，腐食，変質（反応），摩耗などによって時間とともに必ず劣化する．使用条件も時間・空間的に変化する．具体的には弱い場所の存在を前提に強度設計等が行われるなど，最悪のケースを想定しながら，安全率の適用や過剰（冗長）設計がなされる．

(4) 不確実・不明確でも実行する：エンジニアはわからないことがあっても請け負った要求を実現しなければならない．設計に必要な前提条件がすべて提供されずに，エンジニアが勝手に設定しなければならないこともあるし，設計のための理論が完全に解明されているとは限らない．そもそも科学的知識にも不完全性が伴う．やってみなければわからないことがある．

(5) ヒューマンエラーに備える：人間の行為なので完全を目指しても，絶対に間違いがないということはあり得ない．分業工程におけるコミュニケーションエラーもおこりえる．文字通りの想定外もあり得る．想定外のことがおきても，安全（リスクが十分に小さい）を確保するために，フェイルセーフやフールプルーフ等の処置ができれば望ましい．

5. 技術の評価

　本章ではこれまで，まず生産および労働を起点にした技術の定義を振り返り，技術を価値中立とする考えを科学のそれと比較し，社会における技術の制御の観点から技術の決定論と社会構成論について検討した．また，技術と関連するテクノロジー・エンジニアリング・工学がそれぞれ意味するものを確認した．そのうえで，本節では近年のわが国のSTSにおける技術に関する議論の展開を概観する．

5.1　非専門家による技術の評価

　科学技術に関する意思決定は専門的な知識を欠くことができず，従来それは専門家に委託されてきた．しかし，そこに非専門家である市民の参画を求めるようになってきている．負の影響を受ける可能性がある当事者の自己決定権を尊重するのは当然のことであるが，それに加えて現代の技術のもつ性質に理由がある．

　ワインバーグ（A. M. Weinberg）（1974, 210）は「認識論的にいって事実に関する問いなので科学の言葉で表現されるとはいえ，科学によって答えることはできない問い」をトランスサイエンス的と呼び，その例として，低レベル放射線被ばくの生体への影響，非常に低頻度な事象，政治家など個人の判断や行動の予測，諸科学の分野や価値序列に関する問いとならんで，とくに不十分なデータに基づく意思決定を含むエンジニアリングを挙げている．前節で述べたように，エンジニアリングでは科学によって確実な答えを得ることができない場合でも，何らかの方法で意思決定を行う必要が生じることがある．専門家でも明確な見通しが得られない問題に対しては，利害得失が絡む当事者の判断にゆだねる他はない．ワインバーグはそのようなトランスサイエンス的問題の決着のために裁判に似た手続きの導入を提案している．つまり，賛成・反対の両派が専門家を立てて市民の前でそれぞれの主張をし，それをもとに市民が判断する．トランスサイエンス的問題に関する社会的意思決定には，コンセンサス会議や，市民陪審，討議世論調査などさまざまな

市民参加の方法が提案されてきた[22].

　わが国においてコンセンサス会議の対象としては遺伝子治療や遺伝子組み換え作物などのような萌芽的技術が取り上げられることが多かった．このような技術を対象としたテクノロジーアセスメント（TA）の難しさは，実用技術としての詳細が見えていないために具体的な影響は想像の産物に域を出ないことであり，逆にまさに文字通りの想定外の影響を受け得る非専門家にとっては未知性に基づくリスクの認知が大きくなりがちになる．一方，すでに実用化されている技術に関しては，利害得失は特定しやすいものの，既存の価値体系をゼロベースで見直すのは現実には難しく，考え得る条件だが，設計条件から意図的に除外される技術的な「想定外」があり得る．それをあぶりだすことが非専門家にも求められる．まさに「技術決定論」的な進め方では問題をおこす可能性が予期され，「社会構成論」的なアプローチが求められる．

　政策的にも冷戦時代の「一定の自律性を保証された研究集団が公的資金を用いて知識を生産し，それを通じて社会の安全や繁栄に貢献する」モデルの有効性は失われ，イノベーション政策や科学技術コミュニケーション，ELSI（Ethical, Legal and Social Implications/Issues の略．技術の倫理的，法的，社会的影響）等へ注目が移ったとされる（小林 2011, 21）．そして，審議会，公聴会などの従来からのやり方に加えて，パブリックコメントの募集などのチャンネルが増えたことも，市民参加型のテクノロジーアセスメントと軌を一にしているともみられる[23].

5.2　レギュラトリーサイエンス

　科学技術に関わる意思決定へ非専門家の参画に加えて，科学や技術の専門家に求められるようになったのはレギュラトリーサイエンス（規制科学）への貢献である．レギュラトリーサイエンスとは，そもそも 1987 年に内山充が薬学の立場から提案したもので，「科学技術が生み出した多くの新しい産物やそれらの動向を，人間生活にもっとも望ましい形に調整（レギュレート）し方向づけるための，予測と評価の科学」（内山 1995）とし，基礎科学とも応用科学とも異なる科学の分野としている．また，第 4 期科学技術基本

計画では「科学技術の成果を人と社会に役立てることを目的に，根拠に基づく的確な予測，評価，判断を行い，科学技術の成果を人と社会との調和の上で最も望ましい姿に調整するための科学」（第4期科学技術基本計画，平成23年8月19日閣議決定）とされている[24]．開発された技術的製品が社会に受け入れられるために満たさなければならない基準などを定める科学的根拠を与える役割などがこれにあたる．レギュラトリーサイエンスには技術的要素が濃い．規制を成立させるためには，管理のための計測技術などの開発，代替技術の適合性評価などが欠かせない[25]．

5.3 ELSI と技術倫理

　科学・技術と社会の界面に発生する問題として専門家（科学者・技術者）の真摯な取り組みが求められるようになったのが ELSI 問題である．前述の市民参加型 TA への対応もそうであるが，工学の分野で注力されるようになったのが技術者倫理教育である．2000年前後から技術的な事故の頻発と工学教育プログラムの国際認証取得をきっかけに急速な展開をみせた．しかし，わが国の私企業に所属する技術者個人は，主体性を発揮する環境に乏しく，技術者個人の倫理性を請求するには限界があるという指摘があり（たとえば，柴田，八木 2003；三宅 2006），STS 的な観点による技術（工学）倫理も追及されている（たとえば，杉原 2004）．教育の効果を把握することは容易ではなく，年月も要することだが，工学教育全般のなかで展開されていくべきものだろう[26]．また，同時に技術のユーザーである市民側にも，技術に倫理性を求める姿勢を要請したい[27]．その意味で市民の立場から科学・技術のリテラシー養成と批判的検討を進めてきた高木（1999）らや上田（2018）らの活動の一層の発展が期待される[28]．

5.4 技術の政治性

　1990年代初頭のバブル経済崩壊以降，産業空洞化・社会活力衰退・生活水準低下といった事態の回避，新産業創出，そして長期化した不況からの脱出を図るために，イノベーションへの期待がかけられた．内閣府の総合科学技術会議も総合科学技術・イノベーション会議に改められた．しかし，その

イノベーションへの期待が、もっぱら技術に負わされてきた印象がある[29]．西村（2017, 87）は技術革新がすなわちイノベーションであるのではなく，イノベーションに不可欠なのは価格差形成と媒介の2つであることを確認したうえで，わが国のイノベーション政策は「価格差形成のための新知識獲得にリソース投入が偏っていて，媒介の支援は手薄」と指摘している．技術（テクノロジー）や工学ではなく，エンジニアリング力の育成という観点も必要であろう．

　経済だけでなく政治との関わりも指摘しておきたい．木原（2004）はユニバーサルデザインを題材として，未来の技術を考えることが社会のあり方を考えること，すなわち技術選択による社会批判が社会選択につながることを指摘している．技術提供側の経済合理性や効率性，使用者側の機能・目的合理性に照らして人工物のあり方が定められるのが現実であるが，とくにユニバーサルデザインにおいては単に障碍者差別の解消だけでなく，個人の平等と自由，被支配問題の解消，リベラルな福祉社会に近づく道を示しているとしている．もっぱら経済効率の追求につながる自由主義経済市場による研究開発成果の選択や，権力構造の維持に向かいがちな政府主導の研究開発プロジェクトに対し，クラウドファンディングなどの新しい研究開発支援の仕組みは，新たな技術選択の道の可能性を拓くことになるかもしれない．

6. まとめに代えて

　本章では技術の特性を確認し，STSのなかで技術を扱ううえでの鍵となる考え方を紹介した．結果として，大きな鍵束といくつもの扉を示すことになったが，村上（1986）や吉岡（1998, 6-667）がいうように，技術は多様であり，個々の技術を論ずるにしてもそのやり方は1つに限られるわけではない．また，技術はあまりに社会化されていて，技術だけをみて片付くわけではない．社会全体を対象として考えるべきものなのだろう．その意味でSTSのなかで論じられる技術は，科学・技術と社会のTではなく，それらが一体となったまさに総体としてのSTSとしてみていかなければならないのではないだろうか．

技術の専門家には，工学部で教えるような技術だけでなく広い意味でのエンジニアリングを，非専門家にはエンジニアリングという営みの本質を理解できるようになってほしい．とくに後者に関してはその中身と方法論の検討が大きな課題と思われる．

註

1) 科学技術という表現は第二次世界大戦前の日本官僚による発明といわれる．
2) 三枝博音（「技術の哲学」）（同じ唯物論研究会）によって「この規定は多分にブハーリンが「史的唯物論」において試みた彼の「社会的技術」に基づいているもののように考えられる」と指摘されている．後にブハーリンではなくレーニンの言葉といわれる．
3) 武谷は，技術は客観的自然的で，技能は主観的自然的なものと述べているので（中村 1995, 81, 165-6），「意識的適用説」によれば客観的でない技能は「技術」とは異なる．
4) その当否は別として，本来イノベーションは新機軸の結合であり，それが技術である必要はない．
5) 技術はその自然科学的原理に基づく実現可能性，目的実現の手段としての適合性，社会・文化的な受容性が評価されなければならない．
6) Winny とは 2002 年にベータ版が無料公開されたファイル共有ソフトウェアで，これを用いた市販ソフトウェア（音楽，映画，プログラムなど）の公開による著作権法違反容疑者が多数出る騒ぎがおこった．基本的にファイル交換ソフトで公開したり入手したりするファイルが違法なものでなければ，ソフト自体に問題はない．しかし，Winny 利用者だけでなく，2004 年には開発者の金子勇氏が著作権のあるファイルの公開ほう助の容疑で逮捕された．氏は違法行為につながる可能性を意識していたという（調 2005）．
7) 「著作権法違反幇助被告事件 判決文」http://www.courts.go.jp/app/files/hanrei_jp/846/081846_hanrei.pdf によれば，「もっとも，Winny は，1，2 審判決が価値中立ソフトと称するように，適法な用途にも，著作権侵害という違法な用途にも利用できるソフトであり，これを著作権侵害に利用するか，その他の用途に利用するかは，あくまで個々の利用者の判断に委ねられている」．
8) 竹山（1993, 743-6）が紹介するクランツバーグの法則（Kranzberg's Laws）は以下のようなものである．
　　第1法則：「テクノロジーは，善でもなければ悪でもない．そして，中立でもない」（Technology is neither good nor bad : nor is it neutral）．
　　第2法則：「発明は必要の母である」（Invention is the mother of necessity）
　　第3法則：「テクノロジーは，大きいのも小さいのも，ひとまとまりでやってくる」（Technology comes in packages, big and small.）
　　第4法則：「テクノロジーは，多くの公共的問題において第1の要素で，テクノロジー政策の決定においては，非テクノロジー的な要因が先行する」（Although technology might be a prime element in many public issues, nontechnical factors take precedence in technology-policy decisions）
　　第5法則：「すべての歴史が関係する．しかし，テクノロジーの歴史が最も関係する」

（All history is relevant, but the history of technology is the most relevant）
　　　第 6 法則：「テクノロジーは，まさしく人間的な活動である．テクノロジーの歴史も
　　　そうである」（Technology is a very human activity-and so is the history of tech-
　　　nology）

9)　そもそも「社会構成論」は技術のみを対象とするわけではなく，広く現実を説明す
るための原因論に代わることを目指した考え方である．綾部（2006）は社会構築主義と
呼ばれる研究の特徴として，Burr や Gergen を踏まえて，①自らがもっている知識や世
界理解の方法が唯一無二のものではなく，別の状況ではまた違った知識や世界理解の方
法がありえる，②知識についてそれを人々の関係から成り立っているものであろうとと
らえたうえで，それらが静的なものではなく生々流転するものとしてとらえる，③自己
言及的であること，を挙げている．

10)　「技術決定論」に基づけば人工物には固有の唯一の利用法しか存在しないことになり，
別の解釈は存在しない．「技術の社会構成論」では技術には多様な解釈の可能性（「解釈
の柔軟性」）がある．

11)　技術展開（変動）のメカニズムとしては，先行する Rosenberg の技術不均衡論（1969）
や Dosi の技術パラダイム論（1982）にも触れるべきであろうが，本稿では割愛する．

12)　松嶋（2006）は，構築論が技術決定論を批判しながら，「他方で分析的なレベルでは
本質的特性を有した客体としての技術を扱うという「存在論的な揺らぎ」が見られ，こ
のことが結果として程度の差こそあれ，技術決定論的な言説を繰り返し論じさせるもの
になっている」「技術決定論を批判しながら技術決定論の論理構造を有する」と指摘し
ている．

13)　主導的な役割を担ったのは内務省（後に企画院次長）の宮本武之輔，通信省の松前
重義などといわれる．その後いくつかの曲折（文部省と商工省の抵抗）を経て 1941 年
5 月に「科学技術新体制確立要綱」が閣議決定された．そして技術院が開設され，航空
技術分野に限定されたとはいえ，科学技術上の目標を国家目標として設定する権限が技
術官僚に付与された．ただし，その後も文部省，陸海軍，そして技術院の縄張り争いが
続き，思うような成果は上げられなかったようである．

14)　エンジニアリングは軍事と結び付いていた．そこで，民生用の技術として civil
engineering との主張が必要だったのだろう．現在では civil エンジニアリングというと
もっぱら「土木工学」と訳されるが，そもそもは土木に限った適用範囲ではなく，広く
技術全般に向けられていたと考えるべきだろう．

15)　一般財団法人エンジニアリング協会，https://www.enaa.or.jp/about/whats

16)　三菱ケミカルエンジニアリング，https://www.mec-value.com/faq.html

17)　Science and Technology という場合の Science は自然科学に限定され，Science and
Engineering といった場合の Science は広く人文・社会科学を含む，と考えたい．

18)　徳島大学工学部 https://www.tokushima-u.ac.jp/e/admission/guidance/technology.
html

19)　工学における教育プログラムに関する検討委員会『8 大学工学部を中心とした工学に
おける教育プログラムに関する検討』，1998 年 5 月 8 日，http://www.eng.hokudai.ac.jp/
jeep/08-10/pdf/pamph01.pdf

20)　最近では，たとえば情報通信関連技術者の募集が何の断りもなしにただ単に「エン
ジニア募集」と表記されるように，Engineering にせよ Technology にせよ，無前提に

情報通信関連技術を指すように使用されている.

21)　柴田（2018）を基に一部書き改めた.

22)　技術が複雑化し，専門家の限界が深刻な場合の市民参加型の専門家と社会との対話に関しては，わが国におけるコンセンサス会議の先駆者の1人である小林（2007）にくわしい.

23)　ただし，パブリックコメントの多くは業界団体などの直接的なステイクホルダーからのものが多く，真の市民参加のためにはまだ距離があるのかもしれない．また民主党政権による「事業仕分け」を「科学技術の自治区」への「部外者の参入」ととらえる向きもあったらしい（小林 2011，28）.

24)　医薬品医療機器総合開発機構「レギュラトリーサイエンスについて」，https://www.pmda.go.jp/rs-std-jp/outline/0001.html

25)　安全基準などがどのような経緯や論理で定められたかに関しては，村上ら（2014），橋本（2017）が参考になる.

26)　近年，わが国の製造業におけるデータの改ざん，検査不正や偽装事件が頻発しているように思える．たとえば，建物の免震ゴムの性能データ改ざん（2015），共同住宅の杭打ちデータ改ざん（2015），空港地盤改良工事における施工データ改ざん（2016），自動車の燃費データ改ざん（2016），自動車完成検査の偽装（2017），品質データ改ざん（2017）．しかし，これは従来であれば秘匿されていた事件が公に明るみに出るようになったという意味でELSIに関わる事態は好転しているとみる向きもある.

27)　不祥事を起こしたメーカーの製品が市場で忌避される事例はあまりみられない.

28)　高木学校，http://takasas.main.jp/，市民科学研究室，https://www.shiminkagaku.org/

29)　そもそも，モノづくりへのこだわりが産業のソフト化に乗り遅れを招いた.

文献

綾部広則 2006：「技術の社会的構築とは何か」『赤門マネジメント・レビュー』5(1)，1-18.

Bijker, W. 1995: "Sociohistorical technology studies," Jasanoff, S., Markle, G. E., Petersen, J. C. and Pinch, T. J. (eds.) *Handbook of Science and Technology Studies*, Sage, 229-56.

Callon, M. 1980: "The state and technical innovation: a case study of the electrical vehicle in France," *Research Policy*, 9(4), 358-76.

原拓志 2007：「研究アプローチとしての『技術の社会的形成』」『年報科学・技術・社会』16, 37-57.

橋本毅彦編 2017：『安全基準はどのようにできてきたか』東京大学出版会.

平野千博 1999：「「科学技術」の語源と語感」『情報管理』42(5)，371-9.

Hughes, T. P. 1987: "The Evolution of Large Technological Systems," Bijker, W. E., Hughes, T. P. and Pinch, T. J. (eds.) *The Social Construction of Technological Systems*, MIT Press, 51-82.

加藤尚武 2001：『価値観と科学／技術』岩波書店.

ケリー，K. 2014：服部桂訳『テクニウム：テクノロジーはどこへ向かうのか？』みすず書房.

木田元 2013：『技術の正体』デコ.

木原英逸 2004：「社会批判としてのユニバーサル・デザイン：または福祉社会のための科学技術批判について」『科学技術社会論研究』3，38-50.

菊池宏樹，湯哲海 2016：「技術の社会的構成は過渡期的アプローチか？」『赤門マネジメント・レビュー』15(11)，547-63.

小林信一 2011：「日本の科学技術政策の長い転換期：最近の動向を読み解くために」『科学技術社会論研究』8，19-30.

小林傳司 2007：『トランス・サイエンスの時代：科学技術と社会をつなぐ』NTT出版.

久保明教 2018：『機械カニバリズム：人間なきあとの人類学へ』講談社.

ラトゥール，B. 2007：川崎勝，平川秀幸訳『科学論の実在：パンドラの希望』産業図書.

MacKenzie, D. and Wajcman, J. 1999: *Introductory Essay: The Social Shaping of Technology, 2nd ed.*, Open University Press.

松嶋登 2006：「経営学における技術研究の理論的射程」『科学技術社会論研究』4，15-29.

宮尾学 2011：「製品カテゴリを再定義する新製品開発：技術の社会的形成アプローチによる検討」『組織科学』44(3)，120-31.

三宅苞 2006：「技術者倫理は何を論ずべきか：ミクロ・レベル議論の今後の課題」『科学技術社会論研究』4，89-100.

文部科学省 2009：「大学における実践的な技術者教育に関する協力者会議，（第三回）資料2」（平成21年12月7日），http://www.mext.go.jp/bmenu/shingi/chousa/koutou/41/siryo/icsFiles/afieldfile/2010/08/11/1288903_01.pdf（2019年12月6日参照）

宗川吉汪 2014：「科学の価値中立説は正しいか：嶋田批判に応えて」『日本の科学者』49(1)，55-8.

村上道夫，永井孝志，小野恭子，岸本充生 2014：『基準値のからくり：安全はこうして数字になった』講談社.

村上陽一郎 1986：『技術（テクノロジー）とは何か：科学と人間の視点から』NHKブックス.

村田純一 1999：「技術論の帰趨」，加藤尚武，松山壽一編『科学技術のゆくえ』ミネルヴァ書房，145-62.

中村静治 1995：『新版・技術論論争史』創風社.

日本技術者教育認定機構 2012：「技術者教育認定に関わる基本的枠組」，https://jabee.org/doc/wakugumi2012-.pdf（2018年12月21日参照）

西村吉雄 2017：「イノベーション再考」『科学技術社会論学会誌』13，82-97.

大橋秀雄 2008：「企業の方々へのJABEE認定プログラム修了生活用のお願い」『JABEE NEWS』7，2-3.

大淀昇一 1997：『技術官僚の政治参画：日本の科学技術行政の幕開き』中央公論社.

Pinch, T. J. and Bijker, W. E. 1987: "The social construction of facts and artifacts: Or how the sociology of science and the sociology of technology might benefit each other," Bijker, W. E., Hughes, T. P. and Pinch, T. J. (eds.) *The Social Construction of Technological Systems*, MIT Press, 17-50.

柴田清，八木晃一 2003：「技術者倫理はスーパーエンジニアへの道か：企画にあたって」『まてりあ』42(10)，693-5.

柴田清 2018：「リベラルアーツとしての工学を考えるWG報告」『工学教育』66(6)，114-

6.

調麻佐志 2005：「最先端技術と法：Winny 事件から」，藤垣裕子編『科学技術社会論の技法』東京大学出版会，199-219.

菅野礼司 2015：「科学の価値中立性について」『日本の科学者』50(7)，380-5.

杉原桂太 2004：「なぜ技術者倫理教育に STS が必要か」『科学技術社会論研究』3，21-37.

高木仁三郎 1999：『市民科学者として生きる』岩波書店.

竹山重光 1993：「技術の善し悪し」『環境技術』22(12)，743-6.

内山充 1995：「レギュラトリーサイエンス：その役割と目標」『衛生化学』41(4)，250-5.

上田昌文 2018：「市民科学の取り組みからみた STS の 10 の課題」『科学技術社会論研究』15，125-39.

渡辺雅男 1986：「技術論の反省」『一橋大学研究年報 社会学研究』24，167-234.

Weinberg, A. M. 1974："Science and Trans-Science," *Minerva*, 10(2), 209-22.

Williams, R. and Edge, D. 1996: "The social shaping of technology," *Research Policy*, 25, 855-99.

ウィナー，L. 2000：吉岡斉，若松征男訳『鯨と原子炉：技術の限界を求めて』紀伊國屋書店.

吉川弘之 2000：「社会技術の研究開発の進め方について」社会技術研究開発センター，http://www.jst.go.jp/ristex/aboutus/post 22.html

吉岡斉 1998：「技術」『世界大百科事典』平凡社，6-667.

全米科学振興協会 1986：『すべてのアメリカ人のための科学：科学，数学，技術におけるリテラシー目標に関するプロジェクト 2061 の報告書』，http://www.project2061.org/publications/sfaa/SFAA_Japanese.pdf（2019 年 1 月 6 日参照）

第4章 イノベーション論
──科学技術社会論との接点

綾部広則

1. イノベーション論と科学技術社会論

　21世紀に入り，イノベーションへの関心が急速に高まっている．米国では，競争力に陰りがみえはじめた80年代半ばごろから競争力の強化をねらったさまざまな提言──『グローバル競争：新しい現実』（通称ヤング・レポート）（1985年），競争力イニシアティブ（1987年），『メード・イン・アメリカ』（1989年）──が出されていたが，2000年代になると，競争力評議会の『イノベート・アメリカ』（通称パルサミーノ・レポート）（2004年），全米アカデミーズ『強まる嵐を越える』（通称オーガスティン・レポート）（2005年），大統領府・科学技術政策局・国家経済会議の『米国イノベーション戦略』（2009年）など，イノベーションを意識した政策がとられはじめた．

　英国でも，2007年のブラウン政権の発足とともに省庁再編が行われ，イノベーションを冠するイノベーション・大学・技能省（Department of Innovation, Universities and Skills: DIUS）が誕生した．DIUSとビジネス・企業・規制改革省（Department for Business, Enterprise and Regulatory Reform: BERR）が統合して2009年に発足したビジネス・イノベーション・技能省（Department for Business, Innovation and Skills: BIS）が翌年に発表した『成長を目指して』では，「米国イノベーション戦略と同様に，経済復興・雇用創出・生活の質の向上などを目的とした施策」（文部科学省 2010, 77）が打ち出された（BISは2016年にDepartment of Energy and Climate Changeと合併してDepartment for Business, Energy and Industrial Strategy: BEIS

となった).

　日本でも 2006 年の第 3 期科学技術基本計画のなかでイノベーションが科学技術政策のなかに取り入れられ，2008 年に制定された研究開発力強化法ではじめてイノベーションという言葉が，法律のなかに取り入れられた．2013 年には科学技術イノベーション総合戦略が閣議決定事項となり，2014年には総合科学技術会議も総合科学技術・イノベーション会議と改称された．研究・イノベーション学会のように研究・技術計画学会から名称を変更した学会もある．

1.1　STS と IS の相互交流の現状

　しかしこうした状況とは裏腹に，科学技術社会論（以下，STS）のなかでイノベーション研究（以下，IS）について論じられることはほとんどない．『科学技術社会論研究』をみても，第 4 号（2006 年，ただし技術経営（MOT）に関する特集）と第 13 号（2017 年）でイノベーションに関する特集が組まれているが，それ以外は，数年に 1 回程度，イノベーションという言葉を冠する論考が掲載されるに過ぎない．『年報 科学・技術・社会』でも同様で，数年に一度関連すると思しき論考が掲載されるだけである．もちろん，イノベーションという言葉を掲げていなくとも，IS に関する研究がまったくないわけではなく，実際，IS に関連すると思しき論考がいくつか見受けられる．だが，少なくともイノベーションという言葉をタイトルやキーワードに掲げて正面から論じたものはほとんどないのが現状である．

　一方，IS でも STS について言及されるケースはほとんどない．イノベーション研究の老舗の 1 つである研究・イノベーション学会の状況をみても，2013 年の科学技術イノベーション政策の科学に関する特集で STS について集中的に取り上げられているのを例外として，数年に一度年次大会で STSに関する言及がなされる程度である．IS の教科書等でも，自転車の発展の歴史（Pinch and Bijker 1987）が簡単に紹介される程度である．

　もちろん，こうした状況は日本に限ったことではない．STS の代表的な学術雑誌である *Science, Technology & Human Values* や *Social Studies of Science* をみても，イノベーションをタイトルもしくはキーワードに含む論

考は，毎年 1-2 本程度掲載される程度である．しかも，こうした傾向は 2000年代に入ってからであり，それ以前は 2-3 年に 1 本掲載される程度であった．

1.2　相互交流から没交渉へ

とはいえ，最初からこのように STS と IS は没交渉だったわけではない．マーティン（Martin 2017）によれば[1]，欧米では科学論への関心が高まった1950 年代から 60 年代にかけては STS と IS（ただし，マーティンは SPIS: Science Policy and Innovation Studies という）の区別はほとんどなく，両者の交流は非常に密接であったという．

以下，マーティン（Martin 2017）を頼りにその後の流れを俯瞰してみると[2]，70 年代になると，IS の *Research Policy* や STS の *Science Studies*（のちの *Social Studies of Science*）といった学術雑誌が誕生し，それぞれの分野で別々に博士号を出すようになった．4S（1975 年）や EASST（1981 年）といった専門的な学協会も誕生するが，しかしこの時点ではまだ，エジンバラ大学の STS 研究者であるエッジ（David Edge）とサセックス大学の科学政策研究ユニット（SPRU）のマクラウド（Roy Macleod）が一緒に *Science Studies* を立ち上げたり，コール兄弟（Jonathan Cole and Stephen Cole）のように科学社会学者のなかにも科学政策を研究する者がいるなど両者の交流は続いていた．1975 年には STS のウィン（Brian Wynne）がテクノロジーアセスメント（以下，TA）に関するレビュー（Wynne 1975）を *Research Policy* に寄稿するなど，互いに寄稿し合うケースもあった．

ところが，80 年代に入ると両者の交流は次第に途絶えてしまう．STS とIS が協働で学術雑誌を刊行したり，あるいは相互に成果を引用することはほとんどなくなった．リップ（Arie Rip）やカロン（Michel Callon），ウェブスター（Andrew Webster），コゼンズ（Susan Cozzens），ジャサノフ（Sheila Jasanoff）といったごく一部の人々は STS と IS にまたがる仕事をしていたが，ほとんどの人は STS か IS のどちらか一方の分野で仕事をするようになった[3]．

こうして互いに成果を無視し合うような状態が生まれるが，90 年代になると，さらに両者の間には相互不信というべき状態が生まれるようになった

という．STS が IS を，実証性を重んずるテクノクラート的なものであり，そうした態度は，政治的，経済的エリートに魂を売るものだととらえたのに対し，IS は STS を，現実の政策的課題に関わる意思を欠いた学者的なものだとみなした．IS のギボンズ（Michael Gibbons）らと STS のノボトニー（Helga Nowotony）らが共同して執筆した『現代社会と知の創造』（ギボンズ他 1997）のような著作も現れたが，希有な例であったという（Martin 2017）．

　マーティンが指摘するこうした変化は，*Handbook of Science and Technology Studies*（以下，STS ハンドブック．ただし第 1 版のタイトルは異なる）における章立ての変化からも窺い知ることができる．表 1 のように，1977 年に刊行された第 1 版（Spiegel-Rösing and Price 1977）では，IS で高名なフリーマン（Christopher Freeman）や科学技術政策で有名なソロモン（Jean-Jacques Salomon），レイコフ（Sanford A. Lakoff），サポルスキー（Harvey M. Sapolsky），スコルニコフ（Eugene B. Skolnikoff）らが名を連ねるなど，全体として IS や科学技術政策の占める割合が大きい．

表1　STS ハンドブック（第 1 版）の目次

Part 1	The Normative and Professional Context
I. Spiegel-Rosing	The study of science, technology, and society (SSTS): Recent trends and future challenges
Jean-Jacques Salomon	Science policy and the development of science policy
J.R. Ravetz	Criticisms of science
Part 2	**Social Studies of Science: the disciplinary perspectives**
M.J. Mulkai	Sociology of the scientific research community
Roy MacLeod	Changing perspectives in the social history of science
E. Layton	Conditions of technological development
C. Freeman	Economics of research and development
R. Fisch	Psychology of science
Gernot Bohme	Models of the development of science
Part 3	**Science Policy Studies: the Policy Perspective**
Sanford A. Lakoff	Scientists, technologists, and political power
D. Nelkin	Technology and public policy
Harvey M. Sapolsky	Science, technology, and military policy
Brigitte Schroeder-Gudehus	Science, technology, and foreign policy
Eugene B. Skolnikoff	Science, technology, and the international system
Ziauddin Sardar and Dawud G. Rosser-Owen	Science policy and developing countries

ところが，それから約20年後の95年に刊行された第2版（Jasanoff *et al.*，1995）では，第1版で約3分の1を占めていたScience Policy Studiesの割合は激減し，それ以外のテーマの割合の増加がみられる（表2）（Policyが出現するタイトルは，わずか1編となった）.

表2 STSハンドブック（第2版）の目次

PART I. OVERVIEW

D. Edge	Reinventing the Wheel

PART II. THEORY AND METHODS

M. Callon	Four Models for the Dynamics of Science
G. Bowden	Coming of Age in STS: Some Methodological Musings
E. Fox Keller	The Origin, History, and Politics of the Subject Called "Gender and Science": A First Person Account
S. Restivo	The Theory Landscape in Science Studies: Sociological Traditions

PART III. SCIENTIFIC AND TECHNICAL CULTURES

H. Watson-Verran & D. Turnbull	Science and Other Indigenous Knowledge Systems
K. Knorr Cetina	Laboratory Studies: The Cultural Approach to the Study of Science
G. Lee Downey & J. C. Lucena	Engineering Studies
J. Wajcman	Feminist Theories of Technology
M. Frank Fox	Women and Scientific Careers

PART IV. CONSTRUCTING TECHNOLOGY

W. E. Bijker	Sociohistorical Technology Studies
P. N. Edwards	From "Impact" to Social Process: Computers in Society and Culture
H. M. Collins	Science Studies and Machine Intelligence
S. Hilgartner	The Human Genome Project

PART V. COMMUNICATING SCIENCE AND TECHNOLOGY

M. Ashmore, G. Myers, & J. Potter	Discourse, Rhetoric, Reflexivity: Seven Days in the Library
B. V. Lewenstein	Science and the Media
B. Wynne	Public Understanding of Science

PART VI. SCIENCE, TECHNOLOGY, AND CONTROVERSY

T. F. Gieryn	Boundaries of Science
D. Nelkin	Science Controversies: The Dynamics of Public Disputes in the United States
S. Yearley	The Environmental Challenge to Science Studies
H. Etzkowitz & A. Webster	Science as Intellectual Property

| B. Martin & E. Richards | Scientific Knowledge, Controversy, and Public Decision Making |

PART VII. SCIENCE, TECHNOLOGY, AND THE STATE

S. E. Cozzens & E. J. Woodhouse	Science, Government, and the Politics of Knowledge
B. Bimber & D. H. Guston	Politics by the Same Means: Government and Science in the United States
A. Elzinga & A. Jamison	Changing Policy Agendas in Science and Technology
W. A. Smit	Science, Technology, and the Military: Relations in Transition
W. Shrum & Y. Shenhav	Science and Technology in Less Developed Countries
V. Ancarani	Globalizaing the World: Science and Technology in International Relations

2. なぜ STS と IS は没交渉となったのか

なぜこのようになったのか.

まず考えられるのは，STS，IS のそれぞれが専門分野として確立していったことである．マーティン（Martin 2017）も述べているように，70 年代以降になると，STS と IS のそれぞれが独自に専門的な学術雑誌を刊行したり，学位を出すようになっていった．1950-60 年代には明確でなかった両者の境界線が 70 年代以降になると明確になっていったのである.

一般に専門化が進行すると，ミクロなテーマに特化するようになる．とりわけ論文誌がつくられると，ページ数の限られた論文誌に査読付原著論文として掲載されるためには，テーマを絞ってオリジナリティな論文を書く必要性に迫られる．こうして次第にあまり他の関連領域については触れないようになっていく．もちろん，特定のテーマを深く掘り下げることのメリットはあるが，それと引き換えに他のテーマに対する関心は希薄化する．両者が没交渉に至ったのは，このようにそれぞれが専門分野として確立していったことが考えられる.

とはいえ，マーティンがいうように両者の間に相互不信が生じたとすれば，やはり何か別の理由があったはずである．そのことは，STS が IS に対してエリートに魂を売るようなものだと批判していたこと（Martin 2017）からわかる．つまり，イノベーションをどう生むか，それによって経済成長をどう遂げるかという点に関心を寄せる IS がイノベーションを楽観的にとらえる

のに対して，STSはむしろ慎重にとらえる傾向が強いという違いが両者の間に相互不信を生む理由になったのではないかと考えられる[4]．

2.1 科学批判を旨とするSTS

周知のように，STSは当初から科学批判としての色彩を帯びたものであった．とりわけ，80年代のSTSにおける支配的潮流であった科学知識の社会学（Sociology of Scientific Knowledge: SSK）は，従来，価値中立的であるとみなされてきた科学知識にも，同時代の社会の価値観の影響が見出せること，つまり科学知識の生産も社会的な営みと大きく異ならないことを白日のもとに晒すことで，「科学の独自性や特権性の権利請求を剥奪」（金森 2014, 253）しようとした．もちろん，SSKのすべてがそうだったわけではない．マートン派の科学社会学や，カロン，ラトゥール（Bruno Latour）らのアクターネットワーク理論（Actor-network Theory）など，STSのなかにもSSKのように批判的色彩が強くない潮流も存在する．しかし，全体として70年代から80年代のSTSは，科学批判を基調とするものであった．

こうした知識論的な次元での科学批判があった一方で，STSのなかには，より実践的な科学批判に仕立て上げていこうとする動きもあった．その1つが科学技術への市民参加であった．たとえば，参加型テクノロジーアセスメント（参加型TA）はその典型例である．周知の通り，TA自体は1960年代後半に米国ではじまっており，1972年には連邦議会に技術評価局（OTA）として制度化されていたが，評価の主体は専門家であった．これに対し，1987年にデンマークではじまったTAは，非専門家が主体となって行う参加型TAであった．それは英仏独をはじめとした欧州各国に広まり，欧州議会，欧州評議会にも議会TA機関がつくられた．いずれにしろ，TAの参加主体の範囲を拡大させることで，従来，科学技術の専門家たちによって独占されてきた科学技術に関する意思決定を専門家ではない人びとに開くとともに，そうした専門家に対抗するために民主制を専門化することがSTSにおける科学批判の実践的取り組みの1つであった．つまり，「専門性の民主化／民主制の専門化」（平川 2010, 212）がSTSの科学批判の実践的側面であった．

2.2 IS の特徴

　一方，IS にそうした科学技術批判の視点は希薄である．これにはもちろん理由がある．第1に，あたりまえのことだが，IS は科学技術のみを対象にしているわけではないことである．イノベーションに「技術革新」という訳語があてられたこともあり，日本ではイノベーションは科学技術によって引き起こされるというイメージが強い．だが，IS の創始者であるシュムペーター（シュムペーター 1937）がイノベーションの源泉とした新結合[5]（①新しい製品やサービスの生産，②新しい生産方式の導入，③新しい販路や市場の開拓，④新しい原材料の供給源の獲得，⑤新しい組織の実現）は，科学技術によってのみ引き起こされるわけではない．確かに科学技術はイノベーションの源泉として重要だが，あくまでもそれは数ある源泉の1つに過ぎない．このように IS が科学技術を主たる関心の対象にしていないことを考えれば，IS において科学技術に対する批判的意識が STS に比べて希薄となるのも致し方ないことだと思われる．

　第2に，IS はもともと経済発展を理解するために生まれたものである．周知の通り，シュムペーターは『経済発展の理論』（シュムペーター 1937）において，資本主義経済の発展のためには，静態的均衡状態が破壊され動態的不均衡状態がつくり出される必要があると論じた．そうした動態的不均衡状態をつくり出す創造的破壊の担い手として彼が重視したのがアントレプレナー（企業家または起業家）であった（シュムペーター・マーク I）[6]．シュムペーターはのちに，『資本主義・社会主義・民主主義』（シュムペーター 1951-2）において，豊富な資金をもつ独占的な大企業がイノベーションの創出において果たす役割を重視したが（シュムペーター・マーク II）[7]，いずれにせよ，経済成長の原動力（景気変動）を解明することが彼のねらいであり，そうしてはじまったイノベーション研究が，企業の成長や製品・生産プロセスを対象とした分析に向かうのもなかば当然のなり行きであった[8]．

　こうしたことから，IS では，経済的な成果を生み出してこそイノベーションだという理解が前提となっている．一般的には革新的な発明や発見と考えられる場合が多いイノベーションではあるが，IS では，「あくまでも経済

的な成果を目指し，それが市場で実現されたものがイノベーション」（後藤 2001, 4）であり，「単なる空想や思いつきはもちろん，発明，発見もイノベーションではない」（後藤 2001, 4）と理解されている．つまり，「どんなに優れた機能を実現する技術を開発したとしても，それが社会に受け入れられなければ，イノベーションとは認められない」（青島 2017, 3）というのが IS の前提であり，そのために IS では，産業や経済の分析が行われているのである．このことからみても，IS において科学批判の視点が希薄となるのはやむを得ないものといえる．

3. STS と IS の接点

このように IS には，科学技術の現状に対して概して批判的意識が希薄であったことを考えれば，STS と IS が没交渉になるのも十分に頷けることである．しかしながら，STS と IS の間には何ら接点がないわけではない．それどころか，ファーゲルベリら（Fagerberg *et al.* 2013a）にみるように，IS から STS へ熱い視線が向けられる状況さえある．

実際，先に紹介したマーティン（Martin 2017）も，2000 年代に入ってからは，STS と IS の両者はふたたび接近しつつあるという．たとえば，オランダでリップらが 80 年代から続けている構築的 TA（Constructive Technology Assessment: CTA）では，STS と IS がともに積極的な貢献をしているという．また環境問題や ELSI（Ethical, Legal and Social Implications/Issues），ナノテクへの関心の高まりによって，STS と IS を積極的に活用しようという動きが高まっているという．さらに 2010 年代になると，リスクや不確実性，後述の RRI など，STS と IS の新しい協力関係を開くトピックが生まれつつあり，アリゾナ州立大学の科学・政策・アウトカムコンソーシアム（Consortium for Science, Policy & Outcome: CSPO）のように，STS と IS 双方の研究者を擁する研究所も増えつつあるという（Martin 2017）．

では，具体的にどのような点で STS は IS と接点があり得るのか．以下，イノベーション・プロセスへの参加・関与，ユーザー・イノベーション，期待あるいはハイプの 3 つの観点から両者の接点について考えてみたい．

3.1 STS と IS の接点①──イノベーション・プロセスにおける参加・関与

　先に述べたように，STS の科学技術批判の実践的側面の１つが科学技術への市民参加，具体的にいえば「専門性の民主化／民主制の専門化」（平川 2010, 212）であるならば，IS における STS の課題は，イノベーション・プロセスにおいて，いかに早い段階から多様な人々を参加・関与させるかということになろう．その１つが「上流段階からの公共関与（upstream public engagement）」（平川 2010, 207；Wilsdon and Willis 2004, 29）[9] という概念である．

　イノベーション・プロセスでは，企画・構想の段階から製品として結実するまでの一連の流れがある[10]．このうち，企画・構想段階が上流段階にあたる．そこに広範な社会のアクターを参加・関与させようというのが上流段階からの公共関与である．

　上流段階からの公共関与で目立った動きを示したのは英国であった．BSE（牛海綿状脳症）や遺伝子組換え食品の問題で専門家に対する信頼の危機を経験した英国では，2004 年に英国のロイヤルソサエティと工学アカデミー，英国のシンクタンクである DEMOS がそれぞれ出した報告書（Royal Society and Royal Academy of Engineering 2004；Wilsdon and Willis 2004）のなかで，こうした上流段階からの公共関与の重要性と必要性が説かれ，それを実現するための手段としてナノテクノロジーについては，市民参加型の討論であるナノジェリー（Nanojury）やナノダイアローグ（Nanodialogue）が開かれている．

　もちろん，それまでもこうした上流段階からの公共関与に類する取り組みがなかったわけではない[11]．たとえば，1988 年にワトソン（James Watson）が提唱した ELSI（Ethical, Legal and Social Implications/Issues）は，「将来おこりうることを予測して適切なアクションを考える」（藤垣 2018, 62）というように，上流段階からの公共関与の１つとしてみることができる．しかし，その一方で，「イノベーションの最後の段階で道徳的根拠をもって科学技術を抑制しがちである」（吉澤 2013, 112）というように，上流段階からの公共関与になっていないのではないかという評価もある．このように ELSI

に対しては事後対応に終始していたのではないかという不満があったからこそ，上流段階からの公共関与が強調されるようになったと考えられる[12]．

　もっとも，いくら上流段階からの関与が実現できたとしても，参加・関与の範囲が限定されていれば，専門性の民主化が実現されたとはいえない．したがって上流段階からの関与という時間的な面での拡張に加えて，参加・関与の範囲という空間的な面での拡大を考える必要がある．

　もちろん，それは責任の範囲を拡大することにつながる．科学技術に関する責任の問題と聞くと，まっさきに想起するのは科学者や技術者の責任であろう．技術者倫理や研究倫理など，科学者や技術者自身の倫理的自覚を促す，そうしたやり方にも確かに一定の有効性はある．しかしそれらは，研究開発を進めることを前提としたうえで，研究者や技術者が注意すべき点を伝えることになりがちである．いいかえれば，研究者や技術者のための転ばぬ先の杖であり，そこではそもそも研究開発を進めるべきか否かということが問われることはほとんどない．

　こうしたことから，科学技術に関する責任の問題を研究開発に携わる個々の科学者や技術者の責任に限定せず，非専門家を含めた社会全体で責任を担っていくべきではないかと考えられるようになった[13]．たとえば，EU の研究およびイノベーション促進プログラムである「ホライズン 2020（Horizon 2020）」で行われている「責任ある研究・イノベーション（Responsible Research and Innovation: 以下，RRI）」はそうした STS の理念を実現する 1 つの試みであるといえる．そこでいう責任とは研究やイノベーションに直接携わる科学者や技術者の社会的責任に限定されるわけではなく，その他の人びとを含めた社会全体で責任を引き受けようという考えに立つ．そのことは，「ホライズン 2020」が RRI について，「研究およびイノベーションプロセスで社会のアクター（具体的には，研究者，市民，政策決定者，産業界，NPOなど第 3 セクター）が協働すること」[14] の重要性を指摘していることからもわかる（詳細については，古澤 2013；Stilgoe and Guston 2017；藤垣 2018 などを参照）．

　いずれにしろ，このように STS の概念を IS に取り込むことで，イノベーションの対象範囲を広げることが可能となる．それは，イノベーションを経

済的成果としてせまくとらえず，社会的に価値をもたらす革新であるとして広くとらえる見方（青島 2017, 3）とも共通するものといえる．ここに STS と IS の１つの接点がある．

3.2 STS と IS の接点②——ユーザー・イノベーションと市民科学

とはいえ，たとえ参加，関与の範囲を拡大させたとしても，課題は残る．イノベーションを生む主体はあくまで科学者や技術者といった専門家にあることに変わりはないからである．

確かに上流段階からの公共関与が進展すれば，技術開発が進んでしまった後に事後的に問題に対処しようということは減少するかもしれない．しかし，やはりそこにおけるイノベーションの主役は科学者や技術者であり，それ以外の人びとは脇役に過ぎない．では，そうした人びとがイノベーションの主役となることはないのか．

そのヒントとなるのが，IS のユーザー・イノベーションの概念である．ユーザーといえば，新しい技術を利用するだけの受動的存在と考えられがちだが，IS の研究では，ユーザーはイノベーションにおいて決してパッシブな存在ではなく，場合によってはアクティブに関与し得る存在であるということが明らかになっている．

たとえば，IS で有名なエリック・フォン・ヒッペル（Eric von Hippel）は，科学機器や半導体および PC ボードの組立プロセス，パルトリュージョン（プルトルージョン）・プロセスなどでは，ユーザーによってイノベーションが起こされているという（フォン・ヒッペル 1991; 2006）．

そこで IS では，そうしたユーザー（リード・ユーザーと呼ばれる）の声に耳を傾けることの重要性（武石 2001a, 77）が指摘される．たとえば，「半導体製造装置の国際競争力を高めようとする場合，製造装置メーカーの技術力強化を支援するだけでなく，むしろその買い手である半導体メーカーの技術力を強化してリード・ユーザーを育てること」（武石 2001a, 77）や，あるいは「試用版（ベータ版）を先進的なユーザーに配布してフィードバックを得るという」（武石 2001a, 77）ように，「リード・ユーザーを積極的に活用して新製品を仕上げる工夫」（武石 2001a, 77）が必要であるというのがそれであ

る．なぜなら「従来の顧客ではない，新しい顧客が重要なユーザーとして登場する」（武石 2001b, 115）可能性を意識せず，「既存の重要顧客の声にばかり耳を傾けていると落とし穴にはまる」（武石 2001b, 115）からである．

このように IS では，ユーザー（リード・ユーザー）は，イノベーションの源泉の 1 つとしてみられてはいたとしても，あくまで企業戦略の一環としてとらえられてきた．ところがユーザーは，企業戦略の一環として位置付けられるユーザーばかりではない．イノベーションが経済的成果に限定されないのであるならば，そのユーザーは，経済的利益以外の価値を追求する人びとまで含めて考えねばならない．

こう考えれば，民間企業を念頭に置いて考えられてきた IS のユーザーの概念を広く一般市民にまで拡張すれば，STS のいう科学技術への市民参加（「専門性の民主化／民主制の専門化」）のもう 1 つの方策となることがわかる．それにより，研究開発がかなり進んだ後に脇役として参加・関与するのではなく，市民が主役としてイノベーション創出に関わることが可能となる．

実はこうした概念はすでに STS のなかにもある．すでに読者もお気付きだと思うが，市民科学がそれにあたる[15]．市民科学といえば，アマチュアのボランティアの参加によって銀河の形態分類を行うギャラクシー・ズー（Galaxy Zoo）や，同じくアマチュアのボランティアによるたんぱく質の構造解析のプロジェクト「フォールド・イット（Foldit）」といった，いわゆるアマチュア科学[16]を想起するかもしれないが，しかしここでいう市民科学には，そうしたアマチュア科学というよりは，むしろ，いわば批判的アマチュアの活動である[17]．こうした市民科学は，量的にみれば圧倒的に少数派であるが，そうした市民科学に対して，いわゆる専門家の手厚い支援がみられること（実際，市民科学といえども，専門家（ただし批判的専門家）とも呼べる人々によって担われていることも多い），また高等教育の拡大による疑似知識生産拠点の増加[18]を考えれば，荒唐無稽な話として片付けることはできないだろう．実際，市民科学の活動に直接参加せずとも，専門家から出されたものやアイデアを評価するという意味で関与するケースも多い．つまり，市民科学といえども，そうした活動に携わる人々が科学にまったく無知である場合はむしろ少ないのであり，その意味で，民主制の専門化はす

でに進行しているとみることもできる.

このように IS のユーザー・イノベーションの概念は, その対象範囲を拡大すれば, STS の市民科学をささえる概念となり得る. ここにも STS と IS の接点がある.

3.3　STS と IS の接点③──イノベーションと期待あるいはハイプ

科学技術への市民参加(「専門性の民主化／民主制の専門化」)とは直接関係しないものの, STS と IS の接点を考えるうえで, もう1つ考えておかなければならないのがイノベーションと期待(ハイプ)との関係である. 前述のように, イノベーションには社会に受け入れられるような新規性と考えられている. こうしたこともあって, 2000 年代半ばごろからイノベーションを, 新しさを求める人びとの集合的な期待との関係でとらえようとする期待の社会学への注目が集まっている[19].

期待の社会学でいうところの期待とは, 個人や集団の願望が語りを通じて意思表明されたものである. もちろん, 期待は人びとによって異なるから, 意見の差異が生まれる. 意見の対立が際立つさいには, 賛否それぞれの立場から, 他者からの支持を取り付けるための語りが行われる. こうした人びとの語りを通じた期待の意思表明に関する分析を通じて, そうした期待がイノベーションの発展の経路やデザインにどのような影響を及ぼしているのかを考えるのが期待の社会学である(山口 2019, 29).

たとえば, ゲノム編集技術の事例をつぶさに観察した山口(山口 2019)によれば, 著名な科学者が CRISPR/Case9 の登場について強い期待感を表明したことが, 科学者集団での期待を高め, それに連動するかたちで, 行政による期待が高まったという. こうした期待によって「その後に作られる組織や体制, また新たな投資や予算配分を正当化するための語りとして使われ」(山口 2019, 33)たり, 「複数存在するイノベーションの経路に…一定の方向性を与える」(山口 2019, 33)ことがおこるという.

このように人びとの期待がイノベーションに少なからず影響を及ぼしているとすれば, 何がイノベーションであるかは, 科学者・技術者(精確には当該分野の専門家)というよりも, むしろそれ以外の人びと(以下, 社会とい

う）が成果をどう評価するかに依存することになる．たとえ科学者・技術者がイノベーションだと力説しても，社会がイノベーションだと評価しなければ，イノベーションとはみなされない．一方で，科学者・技術者はイノベーションだと思っていなくても，外部の社会がイノベーションだと評価すれば，イノベーションとみなされる場合もある．

　さて，その社会は，当然のことながら，科学者・技術者とは異なる目的をもつ．たとえば，営利企業は，利益を獲得することが主たる目的であり，たとえノーベル賞をもたらすような発明・発見であっても，それが自らの利益に結び付く可能性があると評価しない限り，真剣な検討対象とはならない．一方，将来の経済的価値が高いと判断すると，真剣な検討の対象となる．そうした期待が高じて過熱するとハイプ（熱狂）が生まれる[20]．

　もちろん，そうしたハイプは短期間で鎮静化する場合が多い．当初，期待されていたことが当初の予想通り進展しないからである．そこでISでは，「死の谷」（Committee on Science 1998, 40）をどう乗り越えるかといった課題が探求されることになる．

　しかしたとえハイプであったとしても，経済的利益が得られるのであれば短期的な利益の獲得を求める営利企業にとってはそれで大きな問題はない．なぜなら，ハイプを不断に誘発し，それによってもたらされる短期的利益を積み重ねていけば，全体の利益を増加させることができるからである．あるいは，ハイプを生み，自社の技術や企業価値を高めることで他社に高値で売却して利益を得るなどの方法もある．つまり，新しい発明や発見が科学者や技術者が考えるような価値があるかどうかは，少なくとも短期的利益をもくろむ営利企業にとっては，さして重要なことではない．ここまで極端ではないにしろ，総じて社会は科学者・技術者ほど発明・発見の革新性にこだわるわけではない．

　こうしてみれば，パイプが発生する要因は，社会にあるようにみえる．しかし，ハイプは社会だけがおこすとは限らない．科学者・技術者自身がハイプをつくり出す場合もある（Brown and Michael 2003）．

　周知のように，科学技術は一般に新規性を求める知識生産活動である．そのためには，ヒト・モノ・カネといった諸資源を外部から知識生産システム

に絶えず投入してもらう必要がある．科学研究が個人のポケットマネーでなし得た時代とは異なり，現代の科学研究にはこうした諸資源が不可欠であり，それなくしてはそもそも研究を進めることさえできない．こうして目的と手段の転倒がおこることになる．つまり，諸資源の調達によるシステムの生存と生長こそが，科学研究の目的となってしまうのである（吉岡 1987）．こうして諸資源の獲得のために科学者・技術者から誇大妄想的な将来展望が語られることになる．そうしなければ，生き残れないからである．このように現代科学技術はそうしたハイプを誘発せざるを得ない構造的特性をもっている．その意味で，科学研究は，「非合理なまでの前進衝動にもとづいて，合理的知識をひたすら量産していう，きわめて拡張主義的な営み」（吉岡 1985, 303）である．

　このようにハイプが外部社会のみならず，科学者・技術者によっても引きおこされることを考えれば，STS には調整的な役割のみならず，科学技術そのものを批判的にとらえる視点をもち続ける必要があるといえよう．

4. おわりに

　以上のように，STS と IS の間にはいくつかの接点がある．そこには，イノベーション・プロセスへの参加・関与の例のように，STS が IS に対して有益となる場合だけでなく，ユーザー・イノベーションのように，IS が STS に対して有益となる場合もある．

　このように STS と IS の間に相互補完的な関係があることがわかれば，今後，STS と IS の相互交流は活性化する可能性がある．だが，たとえそうした状態が進んだとしても，STS は従来の批判的姿勢を堅持することが必要であろう．イノベーション・プロセスにおける参加・関与の例をみてもわかるように，STS に専門性の民主化という批判的視点があったからこそ，企業戦略としてとらえられがちな IS の視点を拡大することが可能となる．ハイプの問題にしても，STS に批判的視点があるからこそ，ハイプの発生要因を社会的要因に限定せず，科学技術にも求める視点が切り開かれる．

　ただし，そうした批判的姿勢は，IS に対する効果にとどまるものではない．

IS に比べて社会の分析を得意とする STS の概念や手法が，その意図とは裏腹に利用されることを押しとどめる効果もあわせもつからである．イノベーションに過剰な期待が寄せられている現在，STS から科学批判の要素を取り除いてしまえば，STS は容易に社会を懐柔する手段となり得る．したがって，誰のための，何のための科学なのかを問うこととあわせて，誰のための，何のための STS であるかを問い続ける必要もある．

註

1) STS と IS が没交渉に至った経緯については，Williams and Velasco（2016）も同様の指摘を行っている．また Bhupatiraju *et al.*（2012）は，ネットワーク分析の手法を用いて，STS と IS の分離を裏付けている．
2) 詳細については第 5 章をみよ．
3) そのことは，ナショナル・イノベーション・システム研究で有名なネルソン（Richard R. Nelson）と技術史家のヒューズ（Thomas P. Hughes）の関係からも窺える．かつてネルソンが，来日した際の講演で，ヒューズの議論と酷似した内容を語っていたため，ANT やヒューズの研究との関連を指摘したところ，ヒューズとは長年の友人であるが，今になって同じことを考えていたことがわかったとのことであった．真意は不明であるが，そうであれば，STS と IS にはかなり深い溝があったと考えられる．
4) IS からみた同様の見解としては，Fagerberg *et al.*（2013b）をみよ．
5) 小林（2017, 49）によれば，新結合の概念が完成するのは 1926 年版（Schumpeter 1926）であるという．1912 年のドイツ語初版（Schumpeter 1912）にも新結合（neue Kombination）の語はみられるが，体系的に整理されておらず，ここで引用されている定義についても 1912 年版には登場しないという．なお，新結合としてのイノベーションの概念が登場するのは，Schumpeter（1928）であるという．
6) なお，均衡破壊として革新をとらえる視点については，すでに 1912 年の『経済発展の理論』の初版（Schumpeter 1912）で論じられているが，その背景には，シュムペーターが，Schumpeter（1908）で新古典派の静学分析の限界を感じていたことがあったという．この点について，くわしくは，金指（1987），吉尾（2015）などをみよ．
7) シュムペーター・マーク I，マーク II という分類は，Freeman（1982）による．
8) このあたりの概要については，後藤（2002）をみよ．
9) upstream public engagement という言葉は使っていないが，Royal Society and Royal Academy of Engineering（2004）にも同様の指摘がある．
10) このようにいえば，リニアモデルを想起するかもしれない．だが，ここでいう上流工程と下流工程の流れは，上流から下流に向けて一方方向の流れを前提とするリニアモデルではない．リニアモデルに対する批判として現れたコンカレントモデルでもこうした時系列的な変化は存在する．
11) たとえば，ルーカス・プランや ACTUP（AIDS Coalition to Unleash Power）などもこうした取り組みの先駆的事例であると考えることができる（概要については，村田 2006, 152-7）．

12) なお，ELSI については，2012 年に ELSI 2.0 が提案されている（くわしくは吉澤 2013，107）．

13) くわしくは von Schomberg（2010）参照．

14) https://ec.europa.eu/programmes/horizon2020/en/h2020-section/responsible-research-innovation

15) 同様のことは，Joly（2019）が democratizing innovation という概念を用いて説明している．

16) こうしたアマチュアの活躍の例については，ニールセン（2013）にくわしい．

17) 市民科学の類型については，くわしくは綾部（2005）を参照のこと．なお，フランク・フォン・ヒッペル（von Hippel, F. 1991）は，こうした活動を「公益科学（public-interest science）」と呼んでいる（ちなみに，フランク・フォン・ヒッペルはエリック・フォン・ヒッペルの兄にあたる）．

18) この点については，たとえば，ギボンズ他（1997）をみよ．

19) くわしくは Brown and Michael（2003）; Borup *et al.*（2006）をみよ．鈴木（2013）; 吉澤（2013）; 山口・福島（2019）も参考になる．

20) ナノテクノロジーをケースに詳細に論じたものとして五島（2014）をみよ．

文献

青島矢一 2017:「イノベーション・マネジメントとは」，一橋大学イノベーション研究センター編『イノベーション・マネジメント入門（第 2 版）』日本経済新聞出版社，1-20.

綾部広則 2005:「科学技術をめぐる政策学的思考：知識社会化に政策はどう対応するのか」，足立幸男編著『政策学的思考とは何か：公共政策学原論の試み』勁草書房，219-53.

Bhupatiraju, S. *et al.* 2012: "Knowledge flows ? Analyzing the core literature of innovation, entrepreneurship and science and technology studies," *Research Policy*, 41, 1205-18.

Borup, M. *et al.* 2006: "The Sociology of Expectations in Science and Technology," *Technology Analysis and Strategic Management*, 18(3-4), 285-98.

Brown, N. and Michael, M. 2003: "A Sociology of Expectations: Retrospecting Prospects and Prospecting Retrospects," *Technology Analysis and Strategic Management*, 15(1), 3-18.

Committee on Science, US House of Representatives 1998: *Unlocking Our Future: Toward a New National Science Policy*, Washington D. C. : US GPO, https://www.govinfo.gov/app/details/GPO-CPRT-105hprt105-b.

European Commission 2001: *Report of Working Group "Democratising Expertise and Establishing Scientific Reference Systems (Group1b)"*, White Paper on Governance, Work area 1, Broadening and enriching the public debate on European matters.

Fagerberg, J., Martin, B. and Andersen, E. 2013a: "Innovation Studies: Toward a New Agenda," Fagerberg, J., Martin B. and Andersen E. (eds.) 2013b: 1-17.

Fagerberg, J., Martin, B. and Andersen, E. (eds.) 2013b: *Innovation Studies: Evolution and Future Challenges*, Oxford University Press.

Freeman, C. 1982: *The Economics of Industrial Innovation, 2nd ed.*, Frances Pinter.

藤垣裕子 2018:『科学者の社会的責任』岩波書店.

ギボンズ他 1997：小林信一監訳『現代社会と知の創造：モード論とは何か』丸善；Gibbons, M. *et al.* (eds.) *The New Production of Knowledge*, SAGE, 1994.

後藤晃 2001：「イノベーション・マネジメントとは」，一橋大学イノベーション研究センター編 2001：1-23.

五島綾子 2014：『〈科学ブーム〉の構造：科学技術が神話を生みだすとき』みすず書房.

後藤邦夫 2002：「イノベーション論：歴史的概観に基づく当面の課題」『科学技術社会論研究』第 1 号，81-7.

平川秀幸 2010：「科学技術のガバナンス：その公共的討議の歴史と「専門性の民主化／民主制の専門化」，山脇直司・押村高編『アクセス公共学』日本経済評論社，201-19.

一橋大学イノベーション研究センター編 2001：『イノベーション・マネジメント入門』日本経済新聞出版社.

Jasanoff, S. *et al.* (eds.) 1995: *Handbook of Science and Technology Studies*, Sage.

Joly, P. B. 2019: "Reimaging Innovation", Lechevalier, S. (ed.) *Innovation Beyond Technology*, Springer, 25-45.

金森修 2014：『新装版 サイエンス・ウォーズ』東京大学出版会.

金指基 1987：『シュンペーター研究』日本評論社.

小林信一 2017：「科学技術イノベーション政策の誕生とその背景」『科学技術社会論研究』13，48-65.

Martin, B. 2017: "The Evolving Relationship Between STS and SPIS", Presentation at the 4S Conference (in Power Point), Boston.

文部科学省 2010：『科学技術白書（平成 22 年版）』ぎょうせい.

村田純一 2006：『技術の倫理学』丸善.

ニールセン，M. 2013：高橋洋訳『オープンサイエンス革命』紀伊國屋書店；Nielsen, M. *Reinventing Discovery: The New Era of Networked Science*, Princeton University Press, 2011.

Pinch, T. and Bijker, W. 1987: "The Social Construction of Facts and Artefacts: Or How the Sociology of Science and the Sociology of Technology Might Benefit Each Other," Bijker, W., Hughes, T. and Pinch, T. (eds.) *The Social Construction of Technological Systems*, The MIT Press, 17-50.

Rip, A. 2006: "Folk Theories of Nanotechnologies", *Science as Culture*, 15(4), 349-65.

Royal Society and Royal Academy of Engineering 2004: *Nanoscience and Nanotechnologies: opportunities and uncertainties*, The Royal Society.

シュムペーター，J. 1936：木村健康，安井琢磨訳『理論経済学の本質と主要内容』日本評論社；Schumpeter, J., *Das Wesen und der Hauptinhalt der theoretischen Nation-alokonomie*, Duncker & Humblot, 1908.

Schumpeter, J. 1912: *Theorie der wirtschaftlichen entwicklung*, Verlag von Duncker & Humblot.

シュムペーター，J, 1937：中山伊知郎，東畑精一訳『経済発展の理論：企業者利潤・資本・信用・利子及び景気の回転に関する一研究』岩波書店；Opie, R. trans., *The Theory of Economic Development: An Inquiry into Profits, Capital, Credit, Interest, and the Business Cycle*, Harvard University Press, 1934；Schumpeter, J. *Theorie der wirtschaftlichen entwicklung; eine untersuchung über unternehmergewinn, kapital, kredit, zins und den konjunkturzyklus*, 2., neubearb. aufl, Duncker und Humblot, 1926.

Schumpeter, J. 1928: "The Instability of Capitalism", *The Economic Journal*, 38(151), 361-86.

シュムペーター，J. 1951-2：中山伊知郎，東畑精一訳『資本主義・社会主義・民主主義』（上・中・下巻）東洋経済新報社；Schumpeter, J. *Capitalism, Socialism and Democracy*, Harper & Brothers, 1942.

Spiegel-Rösing, I. and Price, D. (eds.) 1977: *Science, Technology and Society: A Cross-Disciplinary Perspective*, Sage.

Stilgoe, J. and Guston, D. 2017: "Responsible Research and Innovation," Felt, U. *et al.* (eds.) *The Handbook of Science and Technology Studies, 4th edition*, MIT Press, 853-80.

鈴木和歌奈 2013：「希望／期待から見る科学技術」『研究技術計画』28(2)，163-74.

武石彰 2001a：「イノベーションのパターン：発生，普及，進化」一橋大学イノベーション研究センター編 2001：68-98.

武石彰 2001b：「イノベーションと企業の栄枯盛衰」，一橋大学イノベーション研究センター編 2001：99-126.

フォン・ヒッペル 1991：榊原清則訳『イノベーションの源泉：真のイノベーターはだれか』ダイヤモンド社；von Hippel, E. *The Sources of Innovation*, Oxford University Press, 1988.

フォン・ヒッペル 2006：サイコム・インターナショナル監訳『民主化するイノベーションの時代：メーカー主導からの脱皮』ファーストプレス；von Hippel, E. *Democratizing Innovation*, The MIT Press, 2005.

von Hippel, F. 1991: *Citizen Scientist*, Touchstone.

von Schomberg, R. 2010: "Organizing Collective Responsibility: Our Precaution, Codes of Conduct and Understanding Public Debate," Fiedeler, U. *et al.* (eds.) *Understanding Nanotechnology*, AKA Verlag, https://www.researchgate.net/publication/274718686_Organising_collective_responsibility_on_precaution_codes_of_conduct_and_understanding_public_debate

Williams, R. and Velasco, D. 2016: "How did we grow apart?," Paper for session on Building Blocks for a New Innovation Theory Addressing Social Change SPRU 50th Anniversary Conference, University of Sussex, 7-9 September 2016.

Wilsdon, J. and Willis, R. 2004: *See-through Science: Why Public Engagement Needs to Move Upstream*, DEMOS.

Wynne, B. 1975: "The rhetoric of consensus politics: a critical review of technology assessment," *Research Policy*, 4(2), 108-58.

山口富子 2019：「未来の語りが導くイノベーション：先端バイオテクノロジーへの期待」山口富子・福島真人編 2019：27-50.

山口富子・福島真人編 2019：『予測がつくる社会：「科学の言葉」の使われ方』東京大学出版会.

吉尾博和 2015：『シュンペーターの社会進化とイノベーション』論創社.

吉岡斉 1985：『テクノトピアをこえて：科学技術立国批判（改訂版）』社会評論社.

吉岡斉 1987：『科学革命の政治学：科学からみた現代史』中央公論社.

吉澤剛 2013：「責任ある研究・イノベーション：ELSI を越えて」『研究・技術計画』28(1),
　106-22.
　※特に断りのない限り，URL の閲覧日は 2019 年 3 月 31 日である．

第5章　科学技術政策との関係

小林信一

　本章は，STS（科学技術社会学または科学技術と社会，本章では両者を区別しない）と科学技術政策の関係について論じる．広義のイノベーション政策に関しては第4章に譲るが，科学技術と関連のあるイノベーション（科学技術イノベーションと呼ぶことがある）までを対象とする科学技術イノベーション政策は検討の対象に含める（当然ながら，第4章とは重複する部分もあるが，それぞれの文脈のなかに位置付けられる）．

　STS と科学技術政策とは関係が深い面と，意外なほどに相互関係が弱い面の両面がある．両分野が科学技術を対象とする点は共通である以上は，両者の相互関係が強くなったり，弱まったりと遷移することは当然のことだともいえる．本章では，両者の相互関係がどのように変遷してきたのかを紹介し，今日的，あるいは近未来の科学技術政策に対してSTS がいかに関わりうるか，逆にいえば，科学技術政策はどのような点でSTS からのインプットを必要としているかを論じる．

1. STS と科学技術政策

1.1　科学技術政策とは何か

　科学技術政策とは何か．科学技術政策という概念の起源はどこにあるのか．まずは，これらの基本的なところからはじめよう[1]．

　科学技術政策は，それを国家による科学技術振興であるとするならば，その起源を大航海時代の初期，ポルトガルのエンリケ航海王子（Henrique, o

Navegador）が，航海術や造船の研究や教育をする"研究村"をつくって国営の研究事業を実施したという伝承に求めることができるかもしれない．日本でも国営の研究事業は，江戸時代末に欧米先進国の東アジアへの進出に対抗するための手段の1つとして開始されていた．とはいえ，当時の国営事業が，今日の国営研究事業のような包括的で体系的なものではなかったことは確かであろう．また，文化政策または教育政策としての，国家による大学の研究活動の支援は，欧州や日本では19世紀末以降にはじまっていた．しかし，これらも，国営の研究事業や文化政策ではあっても，今日的な科学技術政策とは異なっている．

　政策用語としての「科学技術行政」「科学技術政策」は別として，科学技術政策の原型は第二次世界大戦前後に登場したとみることができる．日本では，第二次近衛内閣における「科学技術新体制確立要綱」(1941年5月27日閣議決定）や第二次世界大戦後の科学技術行政協議会の設置（1949年）に科学技術政策の萌芽がみられる．米国では，マンハッタン計画（1941-46年）などの科学動員や，ブッシュ（Vannevar Bush）が先導してまとめられた *Science: The Endless Frontier*（「ブッシュ報告」ともいう）が重要である(Bush 1945)．「ブッシュ報告」には，その後の世界各国の科学技術政策のあり方を左右することになる基本的な概念や考え方，たとえば国家による科学技術研究への資金援助，その資金配分の決定過程に，研究者集団自身が参画するピアレビューの考え方などが登場している．

　科学技術政策が今日的意味を明確にもつようになったのは，1970年前後からである．そのことは2つの象徴的変化から理解することができる．第1は，教育担当大臣や文化担当大臣とは別の科学または科学技術の担当大臣を置く国が急激に増えていったのが1970年代であったということ，第2はOECD（経済開発協力機構）における科学技術政策に関する議論と報告書である．

　第1に関しては，ジャン・ヨンソク（Yong Suk Jang）が，世界各国が教育担当大臣や文化担当大臣とは別に，科学技政策担当大臣を設置するようになったのは何年からかを丹念に調べた論文（Jang 2000）が興味深い事実を明らかにしている．それによると，1960年には科学技術担当大臣の設置国は

10 カ国に満たなかったが，その後 1970 年代前半にかけて，第二次世界大戦前から存在していた古くからの独立国を中心に科学技術担当大臣が設置されていった．1970 年ころからは，それ以前とは明らかに様相が異なり，第二次世界大戦後に独立したアジア，アフリカの新興国を中心に，科学技術大臣を設置する動きが急速に進んだ．1980 年以降は科学技術担当大臣を有する新興独立国が古くからの独立国を上回った．

　このことは，新興独立国が科学技術に多大な期待をかけ，科学技術を国家のトップレベルの政策として位置付けた結果だと思われる．新興独立国にとっては，たとえば，旧宗主国の庇護から離れて，先進国が開発した技術を導入して国内に近代化した産業を育成し，先進国に伍して経済発展すること，あるいは近代医学を導入して国民の健康を向上し，国民の生活水準を向上させることなど，国家建設のために科学技術を役立てたいという切迫したニーズがあったことは想像に難くない．新興独立国が旧宗主国など古くからの独立国を凌ぐ勢いで科学技術担当大臣を設置したのは，科学技術，とくに技術を国家建設の重要な手段ととらえていたことを象徴的に表しているだろう．ここに科学技術政策の意味を理解するための 1 つの手がかりがある．科学技術政策は，単なる科学振興政策ではなく，国家建設，社会開発のための政策的手段として期待されていたのである．

　第 2 に関して，OECD は 1960 年代以降に科学技術政策に関する議論を開始した．議論がはじまった 1963 年には多くの国で科学技術に関する政策は文化・教育政策の 1 部門に位置付けられており，科学技術政策は国際的に共通の概念として確立していなかった（King 1974）．科学技術政策の概念の確立の契機となったのは，1969 年に設置された「科学政策の新概念に関する専門部会」（Ad Hoc Group on New Concepts of Science Policy）である．米国の科学技術政策の専門家ブルックス（Harvey Brooks）を議長とする専門部会は，科学（技術）政策の概念や内容，課題について整理し，1971 年に報告書を発表した．これが「ブルックス報告」（OECD 1971）である．

　「ブルックス報告」は「科学政策は，科学研究に対する投資，制度，創造性，活用（utilisation）に影響を与える決定を国が行うさいに，十分に検討し一貫した判断を下す基礎となるものである」と定義する．ただし，「簡略

化するため「科学政策（science policy）」というが，自然科学，社会科学と技術のための政策を意味するものである」と付言し，さらに「科学政策には，一般にそう理解されているような科学のための政策（policy for science）という意味とともに，技術発展のための政策（policy for the development of technology）という意味も含まれている」と明言している．つまり，「科学技術政策は，科学技術研究に対する投資，制度，創造性，活用（utilisation）に影響を与える決定を国が行うさいに，十分に検討し一貫した判断を下す基礎となるもの」と言い換えることができる．この定義には，新興独立国で科学技術政策に期待がかけられたことと相通じる面がある．この定義が今日に至る科学技術政策の定義の源流となっている．

1.2　科学技術政策の研究の変遷

それでは，科学技術政策の研究はどのように発展してきたのであろうか．これについては，英国サセックス大学SPRU（Science Policy Research Unit, University of Sussex）のマーティン（Ben R. Martin）のレビュー論文[2]に基づいて，簡略に紹介しよう．マーティンは，科学技術政策分野の主要学術雑誌群の論文において引用の多い論文を調べ，その変遷から科学技術政策研究の発展や，他分野からの影響をレビューした[3]．その結果をもとに，科学技術政策研究の変遷を簡潔に整理すると，以下のようになる．

第1は，科学技術政策研究が萌芽しはじめる1950年代以前の前史時代である．それ以降の研究に大きなインパクトを与えることになるシュムペーター（Joseph A. Schumpeter）やブッシュのような著名な研究者がいくつかの重要文献を発表したが，個別の業績であり，科学技術政策研究というまとまりには遠く及ばない．

第2は1950年代半ばからのパイオニア期ともいうべき時代である．多くの社会科学者が，より体系的に科学技術，イノベーションについて研究するようになる．ただし，経済学，社会学，経営学，組織論などで取り上げられるようになったものの，これらの学問領域間の交流はあまりなかった．

第3は1970年代末からの成熟期である．この時期になると，科学技術政策研究が，いくつかの主要なコンセプトや分析フレームワークを共有する領

域として形成されはじめた．個別の紹介は省略するが，重要な論文が多数発表されるようになった．主要な観点としては，イノベーション，技術と成長の経済学，産業イノベーションの経営学，組織とイノベーション，イノベーションのネットワークやイノベーションシステム，科学技術やイノベーションに関する社会学研究，計量・計測などがある．これらは，今日の科学技術政策研究の源流となっている．

　マーティンのレビュー論文の最後のほうで，STS との関連について若干の言及がある（Martin 2012, 1236）．彼によると，科学技術政策研究と STS とは意外にも関係が少なく，両者は別々に研究されたという．しかし，STS 的な研究は影響力のある概念を生み出しており，それが科学技術政策研究に影響を及ぼしていることも事実である．マーティンも，クーンのパラダイム，ドシ（Giovanni Dosi）のテクノパラダイム，マートンの科学の社会学，ポランニの暗黙知，キャロン（Michel Callon）らのアクターネットワーク理論，バイカー（Wiebe Bijker）らの技術（システム）の社会構成論（social construction of technology: SCOT）などを例示するのである．それでも，科学技術政策研究者は STS との交流を敬遠しがちだという．マーティンは，その背景として，科学技術政策に関する STS 的な研究は，一般の研究者や STS 内部から厳しく攻撃されることがあること，また STS は教条的な論争によって内部分裂する傾向があることから，STS が実践指向の強い科学技術政策研究に有益な知見をもたらすのか，科学技術政策研究者のあいだで懐疑的にみられていることなどを指摘している．

1.3　STS と科学技術政策研究との相互関係とその変遷

　このように，マーティンは STS と科学技術政策研究のあいだにはあまり関係がないと述べながら，一方で，同特集のなかで，他の著者と共著で，科学技術政策研究と STS との関係の変遷について論じている（Martin *et al.* 2012）．また，同特集中には，イノベーション研究，起業家研究と STS のあいだの知識の伝播，相互作用について分析した論文もある（Bhupatiraju *et al.* 2012）．これらの論文は，科学技術政策研究と STS の相互関係のもう 1 つの姿を描出している[4]．

彼らの議論に基づいて科学技術政策研究と STS の相互関係の変遷を整理すると，以下のようになる．

第1は1950年代から1960年代で，科学に関する研究への関心が，科学史，科学哲学，科学社会学，経済学，科学者自身のあいだで高まってきた時代である．当時は，のちの科学論（science studies），科学政策（science policy）の両方が未分化であり，マーティンは「原初的なスープ状態」と比喩している．

第2は1970年代であり，STS と科学技術政策研究がそれぞれ固有の分野として成立し，発展していく時代である．1970年代はじめには，前述のようにブルックス報告（OECD 1971）が今日的な科学技術政策概念を定義したが，奇しくも同年の1971年には，STS に関しては *Social Studies of Science* (SSS)，科学技術政策に関しては *Research Policy* が創刊されている．のちに *Science, Technology and Human Values*（*ST & HV*）も1976年に創刊された．

また，STS分野の学会として，Society for Social Studies of Science（4S）が1975年に，European Association for Studies of Science and Technology（EASST）が1981年に設立された．科学技術政策分野では，独自の国際学会は設立されていないが，英国サセックス大学SPRUが1966年に設立され，*Research Policy* の刊行の基盤となった．なお，日本では1985年に科学技術政策研究を対象とする研究・技術計画学会（現在の研究・イノベーション学会）が設立され，1986年から学会誌『研究技術計画』が刊行された．

1980年代は，STS と科学技術政策が別々の分野として発展していく時代である．1970年代は，分化がはじまった時代であったので，両分野で活動する研究者が珍しくなかったが，次第に別の分野として発展し，相互の知識の交流は少なくなっていく．ただし，1980年代にも両分野で活動する研究者は存在しており，マーティンは，リップ（Arie Rip），キャロン，ウェブスター（Andrew Webster），ジャサノフ（Sheila Jasanoff）などを例示している．

1990年代は，STS と科学技術政策研究の相互不信の時代である．単純化しすぎた図式かもしれないが，科学政策研究者は，批判をしない実証主義的テクノクラートたち，一方でSTSは，衒学的相対主義者または社会構成主

義者で，現実の政策に関わりたがらない研究者たち，と対照されていた．さらに，1990年代半ばのいわゆるサイエンス・ウォーズでは，STSが科学の世界からの攻撃にさらされたととらえられたこともあり，科学技術政策研究者たちは，STSから距離を置いていた．ただし，この時代にも顕著な例外があった．ギボンズ（Michael Gibbons）らによる *New Production of Knowledge* である（Gibbons *et al.* 1994）．本書には，科学政策研究者とSTS研究者および高等教育研究者が参画しており，STSが科学技術への市民の関与など政策的課題に切り込みうることを示した[5]．

　2000年代には，STSと科学技術政策が再び協力する時代が到来する．実は以前から，一部にSTSと科学技術政策の両方を扱う研究拠点や活動が例外的には存在していた．とくにオランダは，他の国とは異なって科学技術政策とSTSの密接な関係が持続していた．リップらの学術的また実践的活動や，いくつかの大学に広がったサイエンス・ショップ活動など個性的な活動がその典型である．2000年前後になると，科学技術政策とSTSが関連するような分野や活動が多くの国に広がった．いわゆる持続的発展のような環境問題と経済や科学技術とが絡み合う問題，ヒトゲノム計画以来登場したELSI（Ethical, Legal and Social Implications/Issues）といった研究活動の確立と新興科学技術分野への適用拡大など，STSと科学技術政策が協力すべき状況が生み出された．

　2010年代に入ると，STSと科学技術政策を融合・統合した活動も活発化してきている．たとえば，米国のアリゾナ州立大学（Arizona State University: ASU）のCSPO（Consortium for Science, Policy & Outcomes）やSchool for the Future of Innovation in Society といった組織も登場し，活動している．また近年は，リスクと不確実性，フレーミング，イノベーションの方向性，責任ある研究・イノベーション（responsible research and innovation: RRI），ボトム・オブ・ピラミッド（bottom of the pyramid: BOP）や貧困削減のためのイノベーション（pro-poor innovation）といったSTSと科学技術政策の連携が求められる政策的課題が登場している．こうした課題において，STSは，社会的，政治的，文化的価値が科学技術にどのような影響を及ぼし，逆に科学技術が社会，政治，文化にどのような影響をもたらすかを理解しよ

うとする．科学技術政策研究は，そこで得られる知識を，科学技術イノベーションの政策や管理に関心がある意思決定者に媒介する立場にある．

2. STSハンドブックと科学技術政策研究

これまでSTS分野のまたはSTSに関するハンドブックが何回か出版されてきた．多少広めにとらえれば，表1のようなハンドブックがある．

マーティンらのSTS分野に関するレビュー論文（Martin *et al.* 2012）は，表1のうち5冊のハンドブックの分析に基づいてSTS研究の発展を分析した．彼らが取り上げたハンドブックは以下の通りである（番号は表1の番号に対応）．

① *Science, Technology and Society: A Cross-Disciplinary Perspective* (1977)

② *Handbook of Quantitative Studies of Science and Technology* (1988)

③ *Handbook of Science and Technology Studies* (1995)

⑤ *Handbook of Quantitative Science and Technology Research: The Use of Publication and Patent* (2004)

⑥ *The Handbook of Science and Technology Studies, 3rd Edition* (2008)

このうち②と⑤は計量分析系のハンドブックである．

マーティンらのSTS分野に関するレビュー論文は，これらの5冊のハンドブックを分析して，扱っているテーマを3つの研究群に分けた．すなわち，

a) 計量的アプローチ，計量文献学，図書館学的

b) 科学の社会学；ラボラトリ・スタディーズ，構成主義

c) 政策と権力：科学助言，規制，リスク

である．ただし，マーティンらは，1996年の4S/EASST会議にはあった主流派のscientometricsのセッションが2000年の会議ではなくなったことなどを指摘しながら，2000年前後に定量的STS（a）と定性的STS（b, c）が分離した，または定性的STSがscientometricや政策指向の研究者群から離れていったとしている．

なお，マーティンらのレビューの後に，関連するハンドブックが刊行され

表1 STS、科学技術政策に関連するハンドブック

	著者	発行年	名称	出版社	特色	Martin ら (2012)	本章
①	I. Spiegel-Rösing and D. S. Price eds.	1977	*Science, Technology and Society: A Cross-Disciplinary Perspective*	SAGE Publications	STS確立前、科学技術政策中心	✓	✓
②	A. F. J. van Raan ed.	1988	*Handbook of Quantitative Studies of Science and Technology*	Elsevier	計量分析中心	✓	
③	S. Jasanoff, G. E. Markle, J. C. Petersen, T. Pinch eds.	1995	*Handbook of Science and Technology Studies*	SAGE publications	4Sによる企画	✓	✓
④	S. Jasanoff, G. E. Markle, J. C. Petersen, T. Pinch eds.	2002	*Handbook of Science and Technology Studies: Revised Edition*	SAGE publications	1995年版にFurther Reading追加		
⑤	H. F. Moed, W. Glänzel, U. Schmoch eds.	2004	*Handbook of Quantitative Science and Technology Research: The Use of Publication and Patent*	Kluwer Academic Publishers	計量分析中心	✓	
⑥	E.J. Hackett, O. Amsterdamska, M. Lynch, J. Wajcman eds.	2008	*The Handbook of Science and Technology Studies, 3rd Edition*	MIT Press	4Sによる企画	✓	✓
⑦	K.H. Fealing, J.I. Lane, J.H. Marburger III, S.S. Sipp eds.	2011	*The Science of Science Policy: A Handbook*	Stanford University Press	米国SOSPによる出版		✓
⑧	U. Felt, R. Fouché, C.A. Miller, L. Smith-Doerr eds.	2017	*The Handbook of Science and Technology Studies, 4th Edition*	MIT Press	4Sによる企画		✓

ている．すなわち，

⑦ *The Science of Science Policy: A Handbook*（2011）

⑧ *The Handbook of Science and Technology Studies, 4th Edition*（2017）
である．⑦はSTSハンドブックというよりは，科学技術政策研究のハンド
ブックととらえるべきだが，STSとの関連をみるために，本章では議論の
対象とする．

　以下では，これらのハンドブックのなかで科学技術政策に関連するトピッ
クとしてどのようなものが取り上げられてきたのかをみていく．それを通じ
てSTSと科学技術政策研究との関連性はどのようなものだったのかを考え
る．

2.1　ハンドブックのなかの科学技術政策的トピック

2.1.1　1977年版

　①のハンドブックは，1970年代の刊行であり，前述のSTSと科学技術政
策研究が固有の分野として成立し，発展していく時代の特徴を顕著に示して
いる．STSと題されているが，出版を先導したのは科学政策研究国際会議
（International Council for Science Policy Studies）である．この会議の議長
はサロモン（Jean-Jacques Salomon）であり，彼はOECDの科学政策課長・
局長を経験するとともに，フランス国立工芸学校（Conservatoire national
des arts et métiers: CNAM）の教授を務めた人物である．前述の科学技術政
策の成立を象徴するOECDの報告書（OECD 1971）を作成した委員会では，
OECD事務局の課長として携わった．科学技術政策の成立の立役者の1人
である．一方，CNAMでは「科学技術と社会」の研究を創始しており，
STSとも重なる部分がある．また，編者の1人プライス（Derek J. de Solla
Price）は科学政策研究国際会議の副議長である．著者にはその後科学技術
政策研究分野で活躍する人物とSTS分野で活躍する人物の両方が含まれる．
このように本ハンドブックは，タイトルはSTSだが，科学技術政策研究と
STSの両方にまたがる混合的性格をもっている．

　科学技術政策研究とSTSの混合的性格は，取り上げられている内容と筆
者の構成にも表れている．本書は3部15章からなるが，第1部が規範的お

よび専門的背景であり，STS と科学技術政策の論考が各1編，それに加え
てラベッツ（Jerome R. Ravetz）が科学批判について執筆している．第2部
は STS（Social Studies of Science）と題されているが，経済学や心理学も
含んでおり，STS はまだ未分化な状態にあることが理解できる．

第3部は科学政策研究であり，6編の論文から構成されている．ただし，
第3部も未分化な様子がうかがえる．また題は科学政策であるが，実際には
技術も含んでいる．タイトルと筆者を列挙しておこう．

PART THREE SCIENCE POLICY STUDIES: THE POLICY PERSPECTIVE
  10. Scientists, technologists, and political power / Sanford A. Lakoff
  11. Technology and public policy / Dorothy W. Nelkin
  12. Science, technology, and military policy / Harvey M. Sapolsky
  13. Science, technology, and foreign policy / Brigitte Schroeder-Gudehus
  14. Science, technology, and the international system / Eugene B. Skolnikoff
  15. Science policy and developing countries / Ziauddin Sardar and Dawud G. Rosser-Owen

---

各章のタイトルから了解されるように，科学技術政策の制度や政策形成過
程，政策運営などの科学技術政策分野の内部を深く追究するような内容はほ
とんどなく，むしろ軍事政策，外交政策との関係，科学技術と国際秩序，発
展途上国問題との関係などに焦点があてられている．STS だけでなく，当
時の科学技術政策および科学技術政策研究もまた未分化であったのである．
また，前述のように当時は発展途上国において科学技術政策に対する関心が
高かったことの影響も理解できるのである．

2.1.2　1995 年版

③（1995 年版）のハンドブックは，実質上 Society for Social Studies of
Science（4S）が主導して取りまとめられたものであり，その後の④（2002
年版），⑥（2008 年版），⑧（2017 年版）も 4S によるものである．④は③
に Further Reading を追加しただけの改訂版（Revised Edition）であり，第
2版とは称していないが，その後の⑥第3版，⑧第4版へと引き継がれてい
く．③はいわば STS が分野として確立した段階のハンドブックといえる．

③は全7部28章構成であり，今日の STS に連なる内容により構成されて

いる．最後の第7部は "Science, Technology, and the State"（科学技術と国家）であり，科学技術政策研究と深く関連する部分である．内容的には①（1977年版）の第3部「科学政策研究」の項目を踏襲しつつ，政策過程により踏み込んだテーマも含まれるようになった．

　STSと科学技術政策研究との関連という観点から興味深いのは，第7部「科学政策と国家」以外の箇所で，科学とメディア，科学理解増進，知的財産としての科学（産学連携），公共的意思決定と科学といった科学技術政策研究を豊かなものにすると思われるテーマが含まれていることである．

　なかでもギアリン（Thomas E. Gieryn）が "Boundaries of Science" の章を書いていることに注目したい．ギアリンは boundary work（境界画定作業）の概念を提唱した（Gieryn 1983）．境界画定作業とは，科学の慣習を特徴付ける属性（実践者，方法，知識の蓄積，価値と研究組織）などの点で，科学と科学ではない知的活動を区別する社会的な境界を構築する作業である．ギアリンは，科学と "科学でないもの" の本質主義的な二分法の立場はとらず，境界を，構成主義的立場から社会的プロセスの帰結としてとらえる．すなわち，境界画定作業は，境界が曖昧な対象との間やそのような場面で生じるプロセスである．ギアリンも1983年の論文で，すでに政策を "科学でないもの" の主要な例として取り上げていた．すなわち，科学技術政策を科学技術と政策の境界画定作業の1つと位置付けていたのである．ギアリンはハンドブックで，こうした初期の研究を整理して，事例なども加えながら，解説している．とくに，後半ではジャサノフの科学助言に関する研究（Jasanoff 1990）について紹介しながら，科学と政策の関係について論じている．科学技術政策研究にはその基盤となる固有の概念や理論的枠組みとして，それほど明確なものはない．多くは他分野から概念や理論枠組み，分析手法を借用しているといっても過言ではない．後述するようにSTSは，科学技術政策研究に豊かな概念や枠組みを提供してくれている．その1つが境界画定作業やそれと関連する概念である．

2.1.3　2008年版

　⑥（2008年版）のハンドブックは，全5部38章からなる．第3部が「政

治と政策」であり，8章からなる．これまでのハンドブックでは科学技術政策関連の章では，（科学技術）政策およびそのプロセスを取り扱う傾向にあったが，それらに比べると科学技術政策のなかに現れる STS 的なトピックを具体的に取り上げるように変化した．たとえば，科学への公衆参加，患者団体，技術者倫理，科学のガバナンスなど，STS と科学技術政策の重なるテーマが取り上げられた．また，第4部「制度と経済」は産学連携や，科学助言，軍事研究などのテーマが取り上げられており，従来のハンドブックでは科学技術政策関連の章で言及されていたテーマの流れを引くものである．さらに第5部は「新興技術」であるが，取り上げられるテーマは，ゲノム研究，新興医療技術，金融，環境，ナノテクノロジーなどであり，科学技術の活動，政策の動向と密接に関連している．このように，このハンドブックでは STS の立場から科学技術政策に関する話題に切り込んでいる傾向がうかがえる．

　一方，STS 研究の基本的概念や分析枠組みのなかには，科学技術政策研究においても有用だと思われるものが紹介されている．1つ取り上げると，クラークとスター（Adele E. Clarke and Susan Leigh Star）は "The Social Worlds Framework: A Theory/ Methods Package" の章を書いているが，boundary object（境界オブジェクト）を含む social world の理論的枠組み，主要概念等に言及している．boundary object は，ギリアンの boundary work 概念の流れを汲む概念である．social world は，STS のみならず，他の学問分野でも使われる有力な理論枠組みである[6]．social world の枠組みや boundary object その他の関連概念は，多種多様な利害関係者が複雑に，または曖昧に絡み合い，場合によっては実験施設・装置なども対象となる科学技術政策を分析する際に有用な手段となりうる．

2.1.4　2017 年版

　⑧（2017 年版）のハンドブックは，全5部36章からなる．これまでのハンドブックでは少なくとも1部が明確に科学技術政策に関わるテーマを集めて構成されていたが，2017 年版ではそのような部は存在しない．第2部 "Making Knowledge, People, and Societies" のなかには，科学と民主主義，

社会運動，格差と科学技術政策など，科学技術政策にも関わるテーマが比較的集中して収録されている．とはいえ，多くの部に分散して，政策に関わるテータが配されている．ただし，STS の観点からの言及であり，科学技術政策とは関心を共有するテーマであるが，政策を直接意識しているとは言い難い．新しいハンドブックであり，現時点で十分な評価を下すことはできないが，共有される研究課題，現象に対する STS 独自の視点，考え方，理論的枠組みなどは，科学技術政策研究に対して刺激を与えるものと期待できる．

2.2 「政策のための科学」と STS

2.2.1 2011 年版ハンドブック

　最後に⑦（2011 年版）を取り上げておこう．本ハンドブックは全 3 部 18 章からなる．これは，STS 分野のハンドブックではなく，科学技術政策研究の立場から，もっと正確にいえば，米国で実施された Science of Science Policy（SoSP）と呼ばれる研究プログラムの中間まとめのような形で編集されたハンドブックである．

　SoSP は，ブッシュ（George W. Bush）政権下で大統領府科学技術政策局（Office of Science and Technology Policy: OSTP）長官を務めたマーバーガー（John H. Marburger Ⅲ）の提唱により 2006 年から開始された，科学技術活動・科学技術政策自身を対象とする学際的研究である．簡潔にいえば，科学技術活動を科学的に分析することで，科学技術政策の科学的な運営のために必要な知識やデータを獲得することを目指した研究プログラムである．SoSP は，2007 年から NSF（National Science Foundation）のプログラム Science of Science and Innovation Policy（SciSIP）として開始され，100 以上のチームが，科学技術イノベーション政策のための科学的方法論の開発，科学的基盤の構築等を目指して研究活動に取り組んだ．

　SoSP，SciSIP の着想は，素朴で楽観的な科学観，政策観に基づいているともいえるが，今日の日本の文脈に置き換えれば，科学技術政策分野における根拠に基づく政策形成（Evidence-based Policy Making: EBPM，後述）を目指した研究プロジェクトということもできるだろう．ただし，科学技術政策のインパクトを明示することは容易ではないので，ハンドブックに収録さ

れた論考は楽観的なわけではない．むしろそうした取り組みの困難性を指摘する章もある．

全体的に，ハンドブックに対するSTSの影響は小さい．STSと直接関連する章はない．取り上げられたトピックのなかには，STSと共有する対象もあるが，STSの成果が展開されるわけではない．米国のSoSPに対してはSTSからのインプットはほとんどなかったといっていいだろう．

2.2.2 日本における「政策のための科学」とSTS

米国のSoSP，SciSIPの影響を受けて，日本でも2011年から文部科学省の事業として，「科学技術イノベーション政策における『政策のための科学』推進事業」（Science for RE-designing Science Technology and Innovation Policy: SciREX）を開始した．基本的な目的は，米国の場合とほぼ同じであり，簡潔に表現すれば，科学技術イノベーション政策におけるEBPMを実現するための研究活動や人材養成である．ただし，日本のSciREX事業はSTS分野の研究活動等も含んでいる．

研究・技術計画学会（現在の研究・イノベーション学会）はSciREX事業の開始に合わせて，「政策のための科学」を主題とした特集号を2013年に刊行した．特集「科学技術イノベーション政策の科学」は，全18編の論文を27巻3/4合併号（2013年4月刊行）と28巻1号（2013年9月刊行）に分けて掲載した．論文は大別して，「政策のための科学」そのものに関する紹介，「政策のための科学」に対する関連する個別分野からの貢献と可能性のレビュー，「政策のための科学」と政策形成，社会的実践との関連等の3種がある．このうち，「政策のための科学」と政策形成，社会的実践との関連に関する論文のなかには科学助言などSTSにも関連するテーマも取り上げられている．一方，関連する分野から「政策のための科学」に対する貢献と可能性に関しては，経済学，経営学，社会学，政治学，情報工学等の分野が取り上げられたが，STSは独立には取り上げられていない．ただし，学際的分野である科学技術イノベーション政策研究全体のレビュー（岡村ほか2013）のなかでは，前述のマーティンらによるレビュー論文や⑦のハンドブック等も参照しながら概況を整理すると同時に，STS研究やSTS的課題に関して

も扱っている.

また，SciREX 事業に参加する研究者たちの研究テーマと人材育成の内容，SciREX 事業と関連して実施されている科学技術振興機構（JST）社会技術研究開発センター（RISTEX）の公募プログラムには，STS またはそれに関連する事項が少なからず含まれている．この点をみると，米国の SoSP，SciSIP よりは，日本のほうが「政策のための科学」もしくは科学技術イノベーション政策研究と STS との関連性は強いといえよう（具体的な事例の紹介等は省略する）.

3. 科学技術政策研究に影響を与えている STS の理論や概念

SoSP，SciREX などの例に現れているように，科学技術政策研究はさまざまな分野から理論や分析枠組み，概念などを借用している．STS も科学技術政策研究の学問的基盤を提供している（小林 2011b）．すべてを紹介することはできないが，筆者が重要だと考える理論，概念を簡単に紹介しておく.

3.1 境界画定作業

STS には，すでに言及した boundary work（境界画定作業），boundary object（境界オブジェクト），これらと関連がある boundary organization（境界組織）といった概念を用いて，科学とそれ以外のものの相互作用を分析する伝統がある．ここでは，これらを境界論と総称しておこう.

「それ以外のもの」の代表的なものが政策である．したがって，科学技術政策研究においても，これらの概念や関連する研究に影響を受けたものが少なくない．たとえば，科学技術政策研究分野の学術雑誌 *Science and Public Policy* では，2003 年には境界組織，2005 年には科学と政策の境界に関する特集が組まれた．2005 年の特集の導入で，ラマン（Raman 2005）は境界論の研究の系譜を整理し，科学技術社会論の社会構成主義的アプローチと政治学的研究の連結として，一連の研究を整理し直している．同特集では，boundary work（境界画定作業），boundary organization（境界組織）が，米国の国家生命倫理諮問委員会（National Bioethics Advisory Commission），気候

変動に関する議論等の具体的な事例に適用されている.

　境界論が科学技術政策，またはその形成過程をどのように扱うのか，いくつかの例を通じて解説しておこう．前述のように，boundary work（境界画定作業）を提唱したギアリン（Gieryn 1983, 782）は，境界画定作業を「科学の慣習の特定の性質（実践者，方法，知識の蓄積，価値と研究組織）が，『科学でないもの』とされる知的活動を区別する社会的な境界を構築するためのもの」とした．政策はギアリンの論文のなかですでに「科学でないもの」の1つとして想定されていた．このような議論から，科学技術政策は科学技術と政策の境界画定作業の1つと理解されることになる．たとえば，科学技術基本計画の策定プロセスは境界画定作業として分析できる可能性がある．

　ギアリンの境界画定作業は，科学と「科学でないもの」の対立的図式や「科学でないもの」から科学を区別しようとするプロセスに注目したが，境界画定作業は科学と「科学でないもの」との共同的関係の構築過程にも適用できる．科学技術政策は，科学技術と政策の緊張関係であると同時に共同活動でもある．したがって境界画定作業は，科学技術と政策との相互関係，相互作用の研究に影響を及ぼすことになる．ジャサノフ（Jasanoff 1990）は，科学と政治の境界としての科学助言（science advisor），レギュラトリーサイエンス（regulatory science）について取り上げた．ジャサノフはその著書の最後に「サービス可能な真実」（serviceable truth）という概念を提唱している．すなわち「科学的に受け入れられるものとして理性的な意思決定を支持すると同時に，一方では，科学的な確実性の不可能とも思える追求の代償として，リスクに暴露された人びとがその利益を犠牲とすることのないような知識の状態」（Jasanoff 1990, 250）である．「サービス可能な真実」は，たとえば，レギュラトリーサイエンスにおける政策と科学の関係を説明する概念となる．

3.2　境界オブジェクト，境界組織

　スターら（Star and Griesemer 1989）は，境界画定作業を拡張して，科学に限らず，異なる知識背景をもつ複数の集団がいかに協力関係を構築するか

を研究し，境界上に現れ，協力関係を可能にするオブジェクト，すなわち境界オブジェクトを提唱した．境界オブジェクトの具体的イメージはスターの別論文（Star 1990）にくわしい．異なる知識背景を有する集団（科学技術者には限らない）が直接コミュニケーションをするのは，利用する語彙，思考や表現の流儀の違いから困難が伴う．しかし，両者の間に特定のオブジェクトを置くことで，コミュニケーションが媒介される．これが境界オブジェクト，境界画定作業の結果として得られる（構築される）境界の安定化をもたらすオブジェクトである．この概念によって，単純なレベルでは，科学技術基本計画などの政策文書を，研究者集団と政策の境界オブジェクトの1つとして研究することができるだろう．政府が目標を指定するトップダウン型の研究プログラム，医学系分野において厚生労働省等が規定する研究ガイドラインなども，政策と科学技術を媒介する境界オブジェクトとして分析，理解する可能性を拓くと期待できる．

　ガストン（David Guston）は，境界画定作業，境界オブジェクト，あるいはジャサノフの科学助言の研究の伝統を引き継ぎ，さらにプリンシパル・エージェンシー理論（または，プリンシパル・エージェント理論）を組み込むことで，境界組織という概念を提唱した（Guston 1999）．境界組織は2つ以上のプリンシパルのエージェントとして，異なるプリンシパルの境界に位置付けられ，活動する組織である．通常，プリンシパルの1つが学界もしくは科学技術に関するものであり，科学技術者は科学技術者であるがゆえに，その規範等に従う．同時に，他のプリンシパルの利益のために働くことを要請される場合に，そのプリンシパルの指示や規範に従うことが要請される．この両者の条件の両立が容易でない場合には，境界画定作業を動的に進めなければならない．それを担うのが境界組織である．境界組織はその生成過程が境界画定作業であると同時に，境界組織を通じて境界画定作業が継続されるとみることもできる．ガストンは政治学を背景に科学技術政策やSTSの境界領域で活躍する研究者であり，境界組織の概念はSTS固有の概念というより，STSの境界論の系譜の延長上に提示された学際的な概念というべきかもしれない．

　境界組織論は，科学技術と政策が関わる問題の分析枠組みとして，広い範

囲で活用される可能性をもつ概念，枠組みである．前述のように *Science and Public Policy* 誌が2回にわたり特集を組んだこともその一端である．科学技術に関連する政策に関わる組織の新設は多くの場合，政策が科学を活用するために考案された境界組織であることが多い．日本に関しては，総合科学技術・イノベーション会議以下の科学技術に関する審議機関，諮問機関は科学技術と政策との境界組織としての役割を担っているとみなして分析できるだろう．科学技術に関するファンディング・エージェンシーやそのなかで助言等を担う専門家委員会も境界組織として分析できる．大学などにおける外部との境界に設置される組織，たとえば産学連携のための組織も境界組織としてとらえることができる．このように境界組織論は，科学技術と政策その他の活動の動的で複雑な相互関係を理解するための理論枠組みとして活用しうる．

3.3 STS が提供するその他の概念等

日本でも海外の研究動向の影響を受けつつ，STS 的立場からの科学技術政策に関する研究が行われてきた．小林傳司らは，科学技術政策そのものを論じてはいないが，科学技術と公共性の議論を通じて，科学技術，市民，政治・規制などの境界の課題を論じた（小林編 2002）．同書のなかで藤垣（2002）は，boundary formation の概念を用いて，「科学者の妥当性境界」と「公共の妥当性境界」の関係について論じている．

これまで紹介したもの以外の STS が提供する概念等で，科学技術政策，科学技術政策研究に影響を与えているもの，有効だと思われるものを列挙しておこう．

①トランスサイエンス

②市民参加

③科学助言

④科学技術と民主主義

⑤ELSI（Ethical, Legal and Social Issues）

⑥RRI（Responsible Research and Innovation）

これらの概念については，ここでは例示するにとどめる．なお，④⑤⑥につ

いては本書の第1章，第2章で言及される.

4. 科学技術政策研究の課題と STS からのアプローチへの期待

　科学技術政策研究が取り上げるべき課題は多様であり，幅広い．筆者は，ここ数年，そのような多種多様な研究課題のなかから，科学技術政策に関する研究として取り上げる価値があると思われるトピックを発掘し，問題提起や問題の解説をしてきた．それらの多くは，STS の枠組みとも関連があり，STS からのアプローチ，または科学技術政策研究と STS の協力によるアプローチが待たれる研究課題である．本章の最後に，筆者が最近取り上げてきたトピックの簡潔な紹介を通じて，具体的な研究課題を例示したい．ただし，紙幅の制約から，簡潔に紹介するにとどめ，問題の具体的内容，問題に対する研究や分析の筆者なりの見通しについては，もとの論稿を参照してほしい．

4.1　科学技術と立法府

　科学技術政策，科学技術政策と科学技術者との関係を取り上げる場合，立法府を取り上げることはほとんどない．米国の場合は，国家の成り立ちの違いもあり，立法府が科学技術政策で果たす役割は大きい．それと比べると，日本の場合は，科学技術政策における行政府の果たす役割が立法府のそれより大きいことは確かである．しかし，科学技術基本法が議員立法であったことや，同じく議員立法である「科学技術・イノベーション創出の活性化に関する法律」が，ほぼ定期的に改正され，そのたびに政策上の課題を政府に課す形で，立法府が科学技術政策に影響力を及ぼす形が成立している．

　また，立法府による行政監視機能にも注目する必要がある．わが国では，政策評価や行政評価において，官邸や内閣官房が対象外とされている．内閣府の活動のうち内閣の補助や省間の総合調整等，一般の省より一段高いレベルから行う業務も対象外である．その結果，官邸主導，政治主導による行政運営が一般化すると，内閣，官邸，内閣官房等を監視，評価できるのは立法府しかない．また，わが国の法制度には委任立法が多い．委任立法とは，法律で施策や制度の大枠を定め，行政府が政令，省令で詳細を規定するような

法体系の構築の仕方を指す．とくに新しい施策や制度の場合には，国会は具体的な内容がわからないまま，ほとんど白紙委任で法律を通し，その具体化を行政機関に委ねることが珍しくない．このような場合，政令，省令等によって実現した制度等が，法律が想定した目的を達成しているのか等，制度運用の実態の把握，妥当性の評価を，国民に代わって検証する責任が立法府にある．

　このように近年，立法府の重要性が増しており，科学技術政策研究の対象として立法府を取り上げることが期待される（小林 2017b; 2017c; 2019b）．立法府が科学技術に関わる議論をする場合には，専門家たる科学技術者の助言が必要になる．その点で，この問題は，科学助言とも関連する．

4.2　21世紀の科学技術政策の変容

　21世紀になって，世界的に科学技術政策のあり方が大きく変容してきている．日本では，2001年に中央省庁再編等の行政改革以来，科学技術政策の形成・運営の方式が大きく変わった．さらに，2013年以降は，いわゆる官邸主導の政策運営への転換がみられるとともに，科学技術政策が科学技術イノベーション政策に置き換えられた．しかし，こうした改革の一方で日本の研究力は低下しているという指摘もあり，この間の政策の形成過程の変化，政策の内容の変化などについて精査するとともに，政策の効果やインパクトについて研究する必要があるだろう（小林 2018a）．

　科学技術政策の変化は，日本には限らない．21世紀に入ると情報関連技術（IT）やゲノム研究が進展するなかで，世界的に科学技術政策のあり方が変わってきた．現在もその変化の途上であり，その描写は容易ではないが，約20年を経て，その変容の様相も次第に明確になってきている．米国の場合は，ベンチャー企業がIT技術，ゲノム研究を経済活動に結び付けるイノベーションの主要な担い手になる等，科学技術および科学技術政策は新しい時代に入ったとみられる．また，2001年9月11日の米国同時多発テロとそれにつづく対テロ戦争の影響も色濃く反映しており，安全保障研究と民生研究が，ベンチャー企業や懸賞金コンテストといった，従来の政策手段とは大きく異なる形で結び付くようになってきている（小林 2018e）．

EU では，別の形で科学技術政策のあり方が変容しつつある．従来は，科学技術政策のゴールは，科学技術上の課題解決（研究振興）や科学技術による産業・経済の発展などにあった．しかし，近年は，SDGs や社会的課題（societal challenges），地域的課題の解決のためのイノベーションといった，社会のなかで，多様なステークホルダーが関わる課題に対するソリューションを目指すものへと変化してきている．そこで展開される科学技術政策の姿は，研究振興を中心とする従来の科学技術政策とは大きく異なる．社会的課題を目標とした場合，それを解決できる万能の研究開発プロジェクトはないので，社会的課題と科学技術活動はそのままでは結び付かない．そこで登場するのが，新しい「ミッション指向（mission-oriented）」の概念である[7]．EC の（研究開発）政策における「ミッション」とは，社会的課題のレイヤーと研究開発のレイヤーの中間のレイヤーで展開されるものであり，目標とする社会的課題の下位課題の解決に資するように，特定の研究開発プロジェクトや研究開発以外の制度的，社会・経済的改革等を組み合わせる．このミッションを軸に研究開発や制度改革，社会改革を目指すのがミッション指向のイノベーション政策ということになる（Mazzucato 2018）．

こうした欧米での変化は，日本にも影響が及ぶ．科学技術そのものの変化，社会の変化なども踏まえた大局的な視点から科学技術政策の変化の意味や方向性を研究することが期待される．

4.3　イノベーションと格差

これまでも述べてきたように，イノベーションが近年の科学技術政策のキーワードになっている．イノベーション概念は経済学における伝統のある概念であるが，一方で，イノベーション概念に対する共通理解がないままに多用される流行語の様相を呈しているのも確かである（小林 2018d）．

一方，イノベーションが格差社会をもたらしているのではないかという問題提起がある．とくに公的資金（要するに国民の税金）により支援されて開発された技術が社会的インパクトのある製品やシステムとして成功した場合，その成功によりもたらされる富はまず，開発した企業に蓄積される．それが税金で国に還流されるか，従業員の所得の増加として配分されるか，株主や

出資者に配分され，残りはいわゆる内部留保として企業内に蓄えられることになる．税金としての還流や従業員の所得の増加（これは所得税の税収増加や消費の拡大による波及効果につながる可能性がある）であればまだしも，株主や出資者への配分が相対的に大きい場合は，税金を投入した結果として生まれた富の配分が一部に偏る結果をもたらす．とくに，ベンチャー企業が成功した場合は，創業者利得として大きい富が創業者や創業時の出資者等に配分されることになる．

公的支援とイノベーションによる富の創出の関係の多くは間接的であるが，直接的な関係がわかるのが，研究開発税制である．研究開発税制は法人税の減税であるが，減税分は企業に対する公的資金の補助とみなすことができる．日本でも近年はデータが公表されるようになってきたので，一部の企業に巨額の減税（補助）が適用されていることが明確になっている．また，そのような企業が内部留保を肥大化させている可能性も推定できる．

このような状況は，イノベーションにおいて，国民が幅広く負担する税金と富の配分の集中傾向とのあいだに極端なアンバランスが存在していることを示している．つまり，イノベーションを公的に支援して促進する結果，富の配分の不均衡，つまり格差をもたらしている可能性がある（小林 2018g）．このような課題は研究テーマとしても重要である．

4.4 科学技術政策，科学技術活動における数字の偏重

ここ数年，「研究力」という言葉が科学技術政策の場で頻繁に議論されるようになった．要するに，日本の学術論文の刊行数や引用数が多い注目度の高い論文数が相対的に低下していることに象徴される研究生産の能力を「研究力」といい，研究力の低下をどう分析し，どのような対策を講じるか，が議論されてきた．機関レベルでは，研究者・大学教員の業績評価や機関の目標の指標として，学術論文の刊行数や引用数，それらと関連する指標（大学ランキングもその1つ）が用いられるようになっている．「研究力」と呼ばれる指標がどれほど妥当で頑健なものなのか，「研究力」は政策的に，また大学の経営等において，どのような意味をもつのかは検討に値するテーマである（小林 2017a）．

科学技術政策としては「研究力」そのものも研究対象として意味があるが，それ以上に STS 的観点から望まれるのは，政策や経営その他の分野で各種の指標，数字が偏重されることになる背景，意味やインパクトに関する研究である．日本では近年，根拠に基づく政策形成（Evidence-based Policy Making: EBPM）の考え方が強調されるようになってきた．EBPM は多義的であり，一概にはいえない面もあるが，数字による表現が重視されることは確かである（小林 2018i, 11）．共通するのは，数字の偏重ともいうべき事態である．このことに関しては，ポーター（2013），オニール（O'Neil 2016），ミューラー（Muller 2018）などの関連書の邦訳も出版されている．日本の科学技術政策やその他の政策形成プロセスを分析するうえでも，数字や数的表現が偏重されることの理論的意味のみならず，現実における意味などを研究することは有意義であろう（小林 2019c）．

なお，データサイエンス，ビッグデータなど，科学技術の研究においても，数字の利用による研究の変革が進んでいる（小林 2019a）．このことの意味を分析することも興味深い．

4.5　軍事研究，デュアルユース技術開発と STS

軍事研究，デュアルユース技術開発に関しては，各機関で対応を決める方向で進んでいる．これについて，多様な大学や分野から意見表明がある．さまざまな場で議論されることは大切なことであるが，研究として，軍事研究，デュアルユース技術開発等を取り上げることはあまりない．米国の例をみても，大学等における軍事研究，デュアルユース技術開発そのものを対象とした研究は，国防政策研究と科学技術政策研究の間隙に落ち込んだ形になっており多くない（小林 2018f）．また，日本においては，歴史として軍事研究等を扱うことはあっても，この種の問題を今日的研究課題として正面から取り上げること自体まれである．そのため，日本の大学関係者等の間で，デュアルユース技術の現実や，米国大学での取り扱いなどの制度面の実態が共有されているとはいえない．もちろん，知ってはいるが，公表すること自体憚られるという理由で知識が共有されない現状となっているという面もあろう．しかし，議論のためには，少なくとも事実関係だけでも共有されるべきであ

る．STS こそ，このような論争的な研究課題に果敢に取り組むことを期待
したい[8]．

4.6　科学の危機と科学と政治のコンフリクト

　研究不正，研究費の不正使用などは日本のみならず各国で問題となってい
る．また，ライフサイエンス分野を中心に，少数サンプル問題，再現性問題
も現代の科学が直面する困難の1つであると理解されるようになってきた．
再現性問題を，安易に研究不正の1つだと問題を矮小化することはできない．
むしろ，ライフサイエンス分野では，ゲノムレベルでの研究が進んだことも
あり，伝統的な実験計画を立てること自体が困難になっているという面もあ
る．しかし，再現性のない研究のなかには，後に誤りであることが明確にな
る研究もある．問題は，その研究自体を超える広い範囲に影響が及ぶことで
ある．再現性が確認できない論文を前提として開始される研究活動が広がる
場合があり，膨大な公的研究資金の無駄遣いを生んだ例も報告されている．
このような状況は，（専門家は科学とはそうしたものだと理解できても）科
学に対する社会的信頼を低下させる可能性がある．このような状況を「科学
の危機」として議論することもはじまっている（小林 2018c）．

　やっかいなのは，米国の場合に顕著なのだが，反科学的イデオロギーが政
治的イデオロギーと結び付いて，「科学の危機」に瀕する科学の営為を攻撃
しはじめていることである．反科学的イデオロギーに立つ人びとは，古典的
な科学観を根拠に，強い再現性を特徴とする「健全な科学」を主張する．こ
のことは，一見もっともらしい．しかし，そのような科学観の帰結は，気候
変動は再現性のある科学的根拠をもたない，進化論は証明できないといった
主張である．これは米国では宗教的イデオロギーや産業界の利益と結び付い
た保守的イデオロギーの一端として現れている．このような科学と政治的イ
デオロギーの対立は，共和党による科学に対する戦争（War on Science）と
呼ばれる（小林 2018h）．そして，これらのことは，フェイクニュース，ポス
ト真実（Post-Truth）といった政治的な問題につながり，さらに，現代のネ
ット社会においては，フィルターバブル，エコーチェンバーなどといわれる
現象とも結び付いている．

科学や技術が政治との論争に巻き込まれ，ネットワークのもつ特性がそれを増幅するという現代社会の様相は，STS が科学技術政策研究とともに取り組むに値するテーマであろう．

　以上は，科学技術政策研究として取り組むべきテーマであると同時にSTS からのアプローチも必要なテーマの例の一端を示したにすぎない．今日，われわれは，両者にとって意味があり，また両者の協力が必要な研究課題が多数出現しているのを目の当たりにしている．

註

1)　詳細については，小林（2011a），小林（2018b）を参照．
2)　マーティンによる科学技術政策分野のレビュー論文としては，Martin（2010），Martin（2012）などがある．前者は講演録で，学術的研究の変遷の概説とともに，研究評価その他の実践的テーマに関しても取り上げている．後者は科学技術政策分野の学術雑誌である *Research Policy* 誌の特集 "Exploring the Emerging Knowledge Base of 'The Knowledge Society'"（Fagerberg, J., Landström, H. and Martin, B. R.（eds.）2012: *Research Policy*, 41(7)）のなかの論文の1つである．この特集は，イノベーション研究，起業研究，科学技術研究（STS）の3領域にまたがる研究活動群の包括的レビューを企図したもので，マーティンによるレビュー論文もその1つであり，科学技術イノベーション政策研究の発展，他分野（経済学，経済史・経営史，政策研究，経営学，組織論，イノベーションの社会学など）からの影響をレビューしている．なお，マーティンによるレビュー論文には，STS（科学計量学・計量書誌学を含む）との関係については簡単な言及があるのみであり，同特集の別の論文で，科学技術政策と STS の関連についてくわしく論じられている（後述）．なお，マーティンは science policy and innovation studies（SPIS）という表現を用いているが，本章では科学技術政策研究とする．
3)　この方法は，学術的論文への影響が判断基準となり，実際の政策形成過程への影響についてはわからないことに留意する必要がある．1970年ごろまでは，科学技術政策の受益者ともいえる自然科学系の研究者たちが中心となり，システムズアプローチに基づく多様なアプローチで科学技術政策に関わる研究等を活発に進めており，政策形成過程との関連を深めていた．これらの取り組みは，しばしば，Research on Research，Science of Science と呼ばれ，その一部は，研究評価，計量書誌学，計量科学学とも関連性をもっている．ただし，本章ではこれらの研究については深入りしない．
4)　のちに，マーティンは，これらの論文に基づき，新たな知見も加えながら，STS と科学技術政策研究の相互関係の歴史を整理しなおしている（Martin 2017）．以下は，この学会発表資料も含めて，STS と科学技術政策研究の相互関係の歴史を紹介する（第4章第2節も参照されたい）．
5)　ただし，日欧では当時，STS，科学技術政策の研究と実践の両面で注目されたが，米国では一部の専門家を除くと，それほど大きい話題にはならなかった．また，異論も

多かったが，それも珍しく多方面から注目されたことの証左であろう．なお，2010年代には再び米国を含む各国で，関連性のある論文等とともにしばしば言及される様子もみられる.

6) Actor Network Theory との類似性，関連性もあるが，別のものとしておく.

7) 伝統的には，国防，宇宙開発，健康，農業など，市場に委ねると研究開発が進みにくい分野等で，行政機関が自ら実施する研究開発や行政機関が資金提供をして実施する研究開発をミッション指向研究といった．今日のミッション指向研究は，伝統的なそれと異なる．今日のミッション指向研究では，新しい研究開発成果は必須ではない．一定のコストや時間のなかで社会的な課題の解決に貢献し，また社会的に受容可能なソリューションを技術的成果やその他の要素の組み合わせによって実現することが肝要である．そのため，研究者・技術者のみならず，多様なステークホルダーが，ミッションの定義の段階から実証，実装に至るまで参画することになる．こうした特色を共進化，市民参加，社会イノベーション，グラスルートイノベーション，インクルーシブイノベーションなどのキーワードで表現することもできる（Mazzucato 2017）.

8) 筆者は，2019年度に科研費挑戦的研究（萌芽），特設審査領域「高度科学技術社会の新局面」の研究課題として「新興技術が持つデュアルユース的性格とその社会的統制に関する研究」（19K21567）に着手したが，研究の端緒についた段階であり，まだ未着手の研究課題は多い.

文献

Bhupatiraju, S., Nomaler, Ö., Triulzi, G. and Verspagen, B. 2012: "Knowledge flows: Analyzing the core literature of innovation, entrepreneurship and science and technology studies," *Research Policy*, 41, 1205-18.

Bush, V. (ed.) 1945: *Science: The Endless Frontier*, GPO.

Fealing, K. H., Lane, J. I., Marburger Ill, J. H. and Sipp, S. S. (eds.) 2011: *The Science of Science Policy: A Handbook*, Stanford University Press.

Felt, U., Fouché, R., Miller, C. A. and Smith-Doerr, L. (eds.) 2016: *The Handbook of Science and Technology Studies, 4th Edition*, MIT Press.

藤垣裕子 2002:「科学的合理性と社会的合理性：妥当性境界」，小林傳司編『公共のための科学技術』玉川大学出版部，35-54.

Gibbons, M., Limoges, C., Nowotny, H., Schwartzman,S., Scott, P. and Trow, M. 1994: *The New Production of Knowledge: the Dynamics of Science and Research in Contemporary Societies*, SAGE Publications.

Gieryn, T. F. 1983: "Boundary-work and the demarcation of science from non science," *American Sociological Review*, 48(6), 781-95.

Guston, D. H. 1999: "Stabilizing the boundary between US politics and science: the role of the Office of Technology Transfer as a boundary organization," *Social Studies of Science*, 29(1), 87-111.

Jang, Y. S. 2000: "The worldwide founding of ministries of science and technology, 1950-1990," *Sociological Perspectives*, 43(2), 247-70.

Jasanoff, S. 1990: *The Fifth Branch: Science Advisers as Policymakers*, Harvard University Press.

Jasanoff, S., Markle, G. E., Petersen, J. C. and Pinch, T.（eds.）1995: *Handbook of Science and Technology Studies*, SAGE publications.

Jasanoff, S., Markle, G. E., Petersen, J. C. and Pinch, T.（eds.）2002: *Handbook of Science and Technology Studies: Revised Edition*, SAGE publications.

King, A. 1974: Science and Policy: *The International Stimulus*, Oxford University Press

小林信一 2011a:「科学技術政策とは何か」『科学技術政策の国際的な動向［本編］』国立国会図書館調査資料 2010-3, 7-34.

小林信一 2011b:「日本の科学技術政策の長い転換期：最近の動向を読み解くために」『科学技術社会論研究』第 8 号, 19-31.

小林信一 2017a:「日本の科学技術の失われた 20 年」『科学』87(8), 736-43.

小林信一 2017b:「学界と立法府（その 1）：米国では」『科学』87(11), 994-1001.

小林信一 2017c:「学界と立法府（その 2）：新たな回路のために」『科学』87(12), 1142-9.

小林信一 2018a:「総合科学技術・イノベーション会議の変質と用具化した政策」『科学』88(1), 100-7.

小林信一 2018b:「「科学技術政策」とは何か」『科学』88(2), 202-8.

小林信一 2018c:「ポスト真実（Post-Truth）時代の科学と政治：科学の危機, 証拠に基づく政策形成, 日本の動向」『研究 技術 計画』33(1), 39-59.

小林信一 2018d:「シュンペーター, イノベーション, 技術革新」『科学』88(4), 416-23.

小林信一 2018e:「ポスト冷戦, ポスト 911 の科学技術と政策」『科学』88(5), 524-31.

小林信一 2018f:「デュアルユース・テクノロジーをめぐって」『科学』88(6), 645-52.

小林信一 2018g:「イノベーション政策は格差社会をもたらすか」『科学』88(7), 741-7.

小林信一 2018h:「War on Science：反科学は科学の装いでやってくる」『科学』88(9), 941-8.

小林信一 2018i:「科学的根拠にもとづく政策」『科学』88(11), 1149-56.

小林信一 2019a:「仮説なき研究の時代」『科学』89(5), 470-6.

小林信一 2019b:「高等教育政策の研究」『教育社会学研究』第 104 号, 57-80.

小林信一 2019c:「大学改革と数字の物語」『科学』89 (10), 891-8.

小林傳司編 2002:『公共のための科学技術』玉川大学出版部.

Martin, B. 2010: "Science Policy Research: Having an Impact on Policy?" *Seminar briefing (Office of Health Economics)*, 7, 1-12.

Martin, B. 2012: "The evolution of science policy and innovation studies," *Research Policy*, 41(7), 1219-39.

Martin, B. 2017: "The evolving relationship between STS and SPIS," *4S Conference*, Boston (slide).

Martin, B., Nightingale, P. and Yegros-Yegros, A. 2012: "Science and technology studies: Exploring the knowledge base," *Research Policy*, 41(7), 1182-204.

Mazzucato, M. 2017: "Mission-Oriented Innovation Policy: Challenges and Opportunities," *IIPP WP* 2017-01.

Mazzucato, M. 2018: *Mission-oriented Research & Innovation in the European Union: A problem-solving approach to fuel innovation-led growth*, European Commission.

Moed, H. F., Glänzel, W. and Schmoch, U.（eds.）2004: *Handbook of Quantitative Science and Technology Research: The Use of Publication and Patent*, Kluwer Academic Publishers.

Muller, J. Z. 2018: *The Tyranny of Metrics*, Princeton University Press；松本裕訳『測りすぎ：なぜパフォーマンス評価は失敗するのか？』みすず書房，2019.

OECD 1971: Science, Growth, and Society: *A New Perspective: Report of the Secretary-General's Ad Hoc Group on New Concepts of Science Policy*, OECD; 大来佐武郎監訳『科学・成長・社会』日本経済新聞社，1972.

岡村麻子，標葉隆馬，野澤聡，原泰史，深谷健，小林信一 2013:「科学技術イノベーション政策研究の様相」『研究技術計画』28(1)，9-22.

O'Neil, C. 2016: *Weapons of Math Destruction: How Big Data Increases Inequality and Threatens Democracy*, Penguin；久保尚子訳『あなたを支配し，社会を破壊する，AI・ビッグデータの罠』インターシフト，2018.

ポーター，T. M. 2013：藤垣裕子訳『数値と客観性』みすず書房；Porter, T. M. *Trust in Numbers: The Pursuit of Objectivity in Science and Public Life*, Princeton University Press, 1995.

Raman, S. 2005: "Institutional perspectives on science-policy boundaries," *Science and Public Policy*, 32(6), 418-22.

Spiegel-Rösing, I. and Price, D. S. (eds.) 1977: *Science, Technology and Society: A Cross-Disciplinary Perspective*, SAGE Publications.

Star, S. L. and Griesemer, J. R. 1989: "Institutional ecology, 'Translations' and boundary objects: Amateurs and professionals in Berkeley's Museum of Vertebrate Zoology, 1907-39," *Social Studies of Science*, 19(3), 387-420.

Star, S. L. 1990: "The structure of ill-structured solutions: boundary objects and heterogeneous distributed problem solving," *Distributed artificial intelligence*, 2, 37-54.

van Raan, A. F. J. (ed.) 1988: *Handbook of Quantitative Studies of Science and Technology*, Elsevier.

第6章 高等教育政策のなかの位置づけ

塚原修一

　高等教育政策は，高等教育機関の諸活動に影響をおよぼす要因の１つである．諸活動のなかには，科学技術社会論（STS）とともに，その対象である科学技術の教育や研究が含まれる．

　科学技術社会論と高等教育論の分野には学会誌などがあり，先行研究が蓄積されている．それらを調査した限りでは，科学技術社会論と高等教育政策の組み合わせに対応する先行研究は見あたらなかった．しかし，科学技術と高等教育の組み合わせに対象を広げれば，中山（2003），小島（2005），小林（2012；2017b；2018；2019），塚原（2012；2015），濱口ほか（2017），黒木（2017），宮野（2017），潮木（2017），伊神（2017），牧野（2018）などがある．この主題は日本の研究成果の伸び悩みに伴って注目され，たとえば医薬分野では，専門的実務家養成を強化する制度改革による，研究者養成の枯渇と大学の研究能力の低落が危惧されている（小林 2019）．山田（2017; 2018），吉永（2018）はイノベーションを志向した新しい STEM（Science, Technology, Engineering and Mathematics）教育を扱う．

　以下では，高等教育政策の概要と動向を説明し，科学技術や科学技術社会論との関係を論じる．第4章，第5章で扱う科学技術政策には立ち入らない．

1.　高等教育政策の概要

1.1　高等教育政策の枠組み

　高等教育とは高校の卒業者を対象とする教育であり，日本では，大学，短

期大学，高等専門学校（高専，高校と短期大学をあわせた 5 年制の学校）の 4・5 年次，専門学校（専修学校専門課程）などで行われる[1]．高等教育には大学院を含める．

　政策とは政府の施策の方針であり，高等教育を対象とする政策が高等教育政策である．戦後の日本の教育政策は法律に基づいて行われる．戦前期には法律によらない勅令という形式で教育の重要事項が決定されたことへの反省から，国民の代表が制定する法律に政策の根拠をおいた．高等教育政策の主な事項に，高等教育の種類と目的の規定，教育の機会均等，学問の自由，高等教育の質保証と振興がある．

　後述するように高等教育機関には自主性や自律性があり，その意思決定を左右する要因も重要である．教育については，教育需要（教育を求める学生や親の需要），人材需要（卒業者を求める社会の需要），教育課程の実行可能性などが，研究については，研究課題への興味関心や社会的要請，成果の見通し，研究費を獲得する可能性などがそれにあたる．

1.2　高等教育の種類と目的

　高等教育機関の目的規定はそれぞれ以下のようである．大学は，「学術の中心として，高い教養と専門的能力を培うとともに，深く真理を探求して新たな知見を創造し，これらの成果を広く社会に提供することにより，社会の発展に寄与する」（教育基本法第 7 条）．大学院は，「学術の理論及び応用を教授研究し，その深奥をきわめ，又は高度の専門性が求められる職業を担うための深い学識及び卓越した能力を培い，文化の進展に寄与する」（学校教育法第 99 条）．短期大学は，「深く専門の学芸を教授研究し，職業又は実際生活に必要な能力を育成することを主な目的とする」（同第 108 条）．高専は，「深く専門の学芸を教授し，職業に必要な能力を育成する」（同第 115 条）．専修学校は，「職業若しくは実際生活に必要な能力を育成し，又は教養の向上を図ることを目的として……組織的な教育を行う」（同第 124 条）．

　すなわち，大学，短期大学，大学院では教育と研究が，高専と専門学校では教育が行われる．短期大学と高専の目的には「深く専門の学芸」，大学院には「深奥」の語句があり，いずれも専門教育を目的とする．大学は，先の

引用に「高い教養と専門的能力を培う」とあり，また「広く知識を授けるとともに，深く専門の学芸を教授研究」（学校教育法第83条）するともあって，広さと深さを均衡させた専門教育を目的とする．職業との関係では，高専が職業教育を目的とし，短期大学と専修学校の目的には職業教育が含まれる．条文を引用していないが，大学，大学院，短期大学のうち，専門職大学，専門職大学院，専門職短期大学は専門職業教育（専門性が求められる職業を担うための能力の育成等）を目的とする（同第83条の2，第99条2項，第108条4項）．

1.3　教育の機会均等

日本国民は「能力に応じて，ひとしく教育を受ける権利を有」し（日本国憲法第26条），「人種，信条，性別，社会的身分，経済的地位又は門地」によって教育上差別されない（教育基本法第4条）．国と地方公共団体は，経済的理由によって修学が困難な者に対する奨学の措置と，障害のある者に対する教育上必要な支援を講じなければならない（同条）．奨学の措置は，独立行政法人日本学生支援機構の奨学金事業として実施されてきた．2020年度には「大学等における修学の支援に関する法律」により，低所得世帯の学生に対する学費の減免と給付型奨学金の支給が開始された．障害者への支援は，「障害を理由とする差別の解消の推進に関する法律」に障害者への差別的な取り扱いの禁止と，障害者が必要とする社会的障壁の除去についての合理的な配慮が規定される（第7条，第8条）．

高等教育では，入学者選抜の公正性と妥当性や，高等教育機関の地理的配置も重要である．前者は，毎年度の「大学入学者選抜実施要項」（文部科学省高等教育局長通知）に基本方針として記載される．後者について，国公立の高等教育機関は計画的に配置されたが，私立は都市部に集中する傾向があった．これに対して，工場等制限法による大学の地方分散政策が1960年代から実施された[2]．同法が規制緩和により2002年に廃止されると，東京への学生の集中が再び進行したため，大学・短期大学の定員増を特別区（23区）では認めないことを原則とした（2017年文部科学省告示第127号，2018年地域における大学の振興及び若者の雇用機会の創出による若者の修学及び就業の促進に関す

る法律).

1.4 学問の自由

日本国憲法には「学問の自由は, これを保障する」(第23条) とあり, こ
れを実現する措置の1つが大学の自治である. 教育は「不当な支配に服する
ことなく……行われるべきもの」である (教育基本法第16条). さらに大学
(短期大学, 大学院を含む) については「自主性, 自律性その他の大学にお
ける教育及び研究の特性が尊重されなければならない」(同第7条2) が, 高
等教育政策もその例外ではない.

1.5 高等教育の質保証と振興

質保証 (quality assurance) とは教育研究水準の確保をさす. 国は「全国
的な教育の機会均等と教育水準の維持向上を図るため, 教育に関する施策を
総合的に策定し, 実施しなければならない」(教育基本法第16条2). その一
環として, 学校を設置する主体は国, 地方公共団体, 学校法人に限られ (学
校教育法第2条), 学校法人は私立学校に必要な資産を有しなければならない
(私立学校法第25条).

これを前提に質保証は2つの方式でなされる. 1つは設置認可であり, 学
校は「文部科学大臣の定める設備, 編制その他に関する設置基準に従い, こ
れを設置しなければならない」(学校教育法第3条). たとえば大学設置基準
には「大学を設置するのに必要な最低の基準」として, 教育研究上の基本組
織, 教員組織, 教員の資格, 収容定員, 教育課程, 卒業の要件等, 校地・校
舎等の施設および設備等, 事務組織等を定める.

もう1つが設置後の評価である. 1990年代以降, 大学設置基準の大綱化
などの規制緩和とともに登場した. 18歳人口の減少などにより高等教育機
関の新増設が低調になれば, 設置認可による質保証は機能しにくくなるが,
それに対応した措置でもある. これも大学を例にとれば, 大学は教育研究水
準の向上に資するため「教育研究等の状況について自ら点検及び評価を行い,
その結果を公表する」ほか, 「教育研究等の総合的な状況について, 政令で
定める期間ごとに, 文部科学大臣の認証を受けた者による評価を受けるもの

とする」(学校教育法第 109 条). 政令で定める期間は 7 年（専門職大学院は 5 年）以内である.

これらの規制とともに, 高等教育への助成や, 政府による実施によって高等教育の振興がはかられている（文部科学省設置法第 3 条, 第 4 条）. 高等教育機関のうち, 大学と高専は文部科学省の高等教育局が, 専門学校は総合教育政策局が所管する.

2. 高等教育政策の展開

2.1 世界の歴史

高等教育機関のうち, 大学は中世（11 世紀末）の欧州に誕生した. 大学を設置する権利は都市にあるとされたが, 13 世紀には, 設置時に教皇や国王の特許状を得て質が高いことを世に示す大学が現れた. 特許状はしだいに大学設置の必須条件となり, のちには各国の政府がその役割を担った（横尾 1992, 229-33).

このように国家がきびしい基準を設定し, それをみたしたものに設置を認める欧州の方式をチャータリング（chartering）という. 一方, 米国では, 高等教育機関の設置は自由放任にゆだね, 設置後の高等教育機関が自発的な相互の適格認定により基準の維持をはかるアクレディテーション（accreditation）方式がとられた（天城, 慶伊 1977, 35-40). 北米の最初の大学は 17 世紀に設置されたが, 学生の年齢層や教育内容からみて当初は中等教育の学校であり（中山 1994, 13-6), 設置後に水準を高めていった歴史を反映した制度である.

19 世紀初頭にはドイツの大学で科学研究がはじまり, 教育と研究を役割とする近代大学が誕生した（潮木 1992, 209-11). 19 世紀末には米国の大学に民間財団の資金が流入し, 一部が研究費にあてられて研究を加速した. 第二次大戦期には各国で科学動員がなされ, 政府資金による軍事研究が大学でなされた（中山 1994, 72-3, 81-2). 高等教育機関の科学技術活動に対する政府資金の提供は, 大戦後も継続して今日に至る.

2.2 日本の歴史

　戦前の日本には大学と専門学校という2つの旧制の高等教育機関があり，設置認可の方式が異なっていた．国が設置する大学と専門学校にはチャータリング方式が用いられ，新設するさい，大学は日本初の総合大学である（東京）帝国大学を原型とし，専門学校も先行する学校を原型とした．

　一方，私立の専門学校は，あまり高くない基準によって設置認可がなされたから，アクレディテーション方式にあたる．1918（大正7）年の大学令によって単科大学と公私立大学の設置が可能となったが，既設の大学と同じ水準が求められて大学への昇格は困難をきわめ，戦前期に設置認可を受けた私立大学は28校にとどまった．私立の専門学校の水準向上は大学への昇格努力によってなされたが，米国式の自発的な相互の適格認定には至らなかった（天城，慶伊 1977, 300-1）．

　研究については，大学に研究費を供給する制度（科学研究奨励金）が1918（大正7）年につくられた．国家的な事業や全国的な立場からの研究を行う場として帝国大学に附置研究所が設置され，大正期（1912-26年）には東京帝国大学の伝染病研究所，航空研究所，東京天文台，地震研究所，東北帝国大学の金属材料研究所，京都帝国大学の化学研究所がおかれた．昭和期（1926年〜）には産業振興のために理工系の拡大がはかられ，のちに戦時体制下の科学動員として理工系の拡充や研究費の大幅な増額がなされた（天野 2017, 201-2, 208-15）．

　敗戦後，単線型の学校体系とともに米国の大学制度が導入され，1948年には4年制の新制大学が発足した．大学の設置認可にはアクレディテーション方式がとられ，大学団体として大学基準協会が誕生した．旧制の高等教育機関のほとんどは設置審査を経て新制大学に移行したが，大学団体による適格認定はあまり機能しなかった．1956年に文部省は大学設置基準を省令として，チャータリング方式に移行した（天城，慶伊 1977, 301-6）．

　1960年代には，高度経済成長や18歳人口の増加によって，理工系を中心に高等教育の拡大を求める圧力が高まり，文部省は大学設置基準の運用を緩和して入学者の定員超過を認めることで対応した．1970年代に文部省は質

的な充実へと政策を転換し，私立学校振興助成法（1975年）による私学への経常費助成が開始された．そのさい，学生数が定員を超過した大学には補助金の減額などの措置がとられ，既設の大学にも大学設置基準にそった教育条件の改善がうながされた．

臨時教育審議会（1984-7年）は教育の自由化・個性化を提言した．これにそって大学設置基準の大綱化などの規制緩和と評価の導入がすすみ，準則主義による大学設置認可，大学の認証評価（第三者評価），国立大学の法人化などの現行制度が2004年度から実施された．これはアクレディテーション方式への移行にあたる．

高等教育政策の一貫した問題意識の1つは，戦後の新制大学が画一的ではないかという点にある．その文脈は，旧制の大学と専門学校があった戦前の制度との対比，大学教育の内容と社会が期待するものの不整合，進学率の上昇による学生の多様化などさまざまである．中央教育審議会（2005）は今後の方向として高等教育の機能別分化をあげ，政策の手法も変化して，高等教育計画の策定と各種規制の時代から，将来像の提示と政策誘導の時代に移行するとした．政策誘導の代表的な2例を以下にあげる．

2.3　21世紀 COE プログラム

1991年に冷戦が終結すると，米国の覇権のもとで自由貿易圏が拡大してグローバル化がすすみ，高等教育では留学生の確保をめぐる競争が激化した．各国の有力大学（旗艦大学という）は国内ではゆるぎない立場にあり，質保証（最低限の質の維持）とは無縁であったが，旗艦大学の国際競争に直面してさらなる質の向上をせまられ，それまで以上に資金を求めるようになった．2004年にはタイムズ社の世界大学ランキングが登場する．

21世紀 COE プログラムは，文部科学省の研究拠点形成等補助金事業として2002年度に創設された．その目的は，国公私立大学を通した第三者評価に基づく競争原理により，国内の大学に世界最高水準の研究教育拠点（Center of Excellence: COE）を学問分野ごとに形成し，研究水準の向上と世界をリードする創造的な人材育成を図るために重点的な支援を行い，国際競争力のある個性輝く大学づくりを推進することにある．

申請の対象は，国公私立大学の大学院（博士後期課程）の専攻等である．申請者は学長とし，学長を中心とした大学運営体制のもとで，どの専攻等をいかにして世界的水準の研究教育拠点とするかという全学的な観点からの戦略を重視するよう求めた．事業期間は5年間が原則で，3年目の中間評価によって補助の見直しや打ち切りもあり得るとした．

　対象分野は，おおむねすべての学問分野を包含する見地から2年間にわたって各年度に5分野（2002年度は，生命科学，化学・材料科学，情報・電気・電子，人文科学，学際・複合・新領域，2003年度は，医学系，数学・物理学・地球科学，機械・土木・建築・その他工学，社会科学，学際・複合・新領域）とし，2004年度は分野別ではなく「革新的な学術分野の開拓を目指す」ものを対象とした．申請額の範囲は，拠点ごとに年間1億円から5億円程度（2004年度の「革新的な学術分野」は年間1千万円から5億円）とした．3年度を合計して574大学から1,385件の応募があり，93大学の274拠点が採択された（21世紀COEプログラム委員会 2006, 8-10）．

　このプログラムの特色は，科学技術政策であってもよい研究と教育の拠点形成事業が高等教育政策として行われたことにある[3]．一般に，高等教育政策は高等教育機関に注目し，科学技術・学術政策は研究課題や個別の研究者に注目する傾向がある．たとえば学術政策の事業である科学研究費補助金では，領域を指定して研究を機動的に推進することがあり，高額な研究費を申請する種目においても，研究を実質的に主宰する者が研究代表者となって，大学等を横断した研究組織を構成することが多い．これに対して，「おおむねすべての学問分野を包含する」ように対象を設定し，学長を中心に国際競争力のある大学づくりを推進するところに高等教育政策の性格がみられる．

　このプログラムでは文部科学省の委員会による成果の検証がなされ（後述），その目的は達成されたが，今後のあり方として国内外の大学等との連携による研究教育拠点の形成が必要であるとした（21世紀COEプログラム委員会 2006, 51-2）．2007年度には後継のグローバルCOEプログラムが発足した．21世紀COEの基本的な考え方を継承しつつ，支援の重点化，支援経費の増額，国内外の大学・研究機関との連携への対象の拡大がなされ，2009年度までの応募期間に申請は153大学741件，採択は41大学140件と，採択件

数がしぼられた（文部科学省，日本学術振興会 2014, 4-5）.

2009 年度には，30 万人の留学生を 2020 年までに受け入れる「留学生 30 万人計画」の実現を目指す国際化拠点整備事業（グローバル 30）がはじまり，原則 5 年間にわたり年額 2-4 億円程度を支援するとして 13 大学が採択された. 2011 年度には，博士課程教育リーディングプログラムが開始された. 産学官にわたってグローバルに活躍するリーダーの養成を目的として博士学位課程を支援する事業で，オールラウンド型（グローバル社会を牽引するトップリーダーを養成する文理統合型の学位課程），複合領域型（イノベーションを牽引するリーダーを養成する複数領域を横断した学位課程），オンリーワン型（新たな分野を拓くリーダーを養成する学位課程）の 3 類型がある. 支援期間は最大 7 年で，2013 年度までの応募数は合計 327 件，採択数は 62 件であった.

2013 年には，教育再生実行会議（2013）が「今後 10 年間で世界大学ランキングトップ 100 に 10 校以上をランクインさせる」ことを提言し，「日本再興戦略」（同年に閣議決定）に盛り込まれて旗艦大学の強化が政府の方針となった. 翌年度にはスーパーグローバル大学創成支援事業が開始され，トップ型（世界大学ランキング 100 位以内を目指す力のある大学）13 件と，グローバル化牽引型（日本社会のグローバル化を牽引する大学）24 件が採択された. 2015 年の「「日本再興戦略」改訂 2015」には国立大学運営費交付金の重点配分が提言された. 翌年には指定国立大学法人制度が開始され，2019 年までに国際競争力をもつ国立大学 7 法人が文部科学大臣により指定された.

2.4　グッドプラクティス事業

21 世紀 COE プログラムの教育版というべき一連の事業も実施され，初期のものには好事例をさす GP（Good Practice）の語が付けられた. これらの事業では，国公私立大学等が実施する教育改革のうち，優れたものを公募により重点的に支援するとともに，それについての情報提供によって他大学等の参考に供した. 応募件数は各大学・短期大学から 1 件とし，大学・短期大学としてのビジョンの下に学長が応募し，学長を中心とする運営体制の下で実施された（文部科学省 2003）. 名称と内容は以下のように推移した.

・特色ある大学教育支援プログラム（特色 GP）：2003-07 年度．各大学等で実績をあげている教育方法や教育課程の工夫改善など，学生教育の質の向上への取り組みをさらに発展させるものを対象とする．2003 年度の配分実績は 1 件あたり平均約 1,700 万円であった（高等教育局大学振興課大学改革推進室 2004, 19）．

・現代的教育ニーズ取組支援プログラム（現代 GP）：2004-07 年度．各種審議会からの提言などをふまえて，社会的要請の強い政策課題（地域活性化への貢献，知的財産関連教育など）を設定し，それに対する取り組みを対象とする．

・質の高い大学教育推進プログラム（教育 GP）：2008 年度．上記の 2 プログラムを統合した．

・大学教育・学生支援推進事業：2009-10 年度．行政刷新会議の事業仕分けにより廃止．大学教育推進プログラムと学生支援推進プログラムからなる．上記 3 つの GP プログラムと本事業の大学教育推進プログラムにより，6,389 件の申請から 960 件を採択した（国公私立大学を通じた大学教育改革の支援に関する調査検討会議 2013, 1）．

・大学教育質向上推進事業：2011-13 年度．大学教育の質の向上を図る取り組みと，今後の成長につながる分野に対応した質の高い教育カリキュラムの開発等を行う取り組みを対象とする．

・大学教育再生加速プログラム：2014-16 年度．教育再生実行会議等で提言された国としてすすめる改革の方向性のうち，アクティブラーニング，学修成果の可視化，入試改革・高大接続を行う取り組みを重点的に支援する．408 件の申請から 78 件を採択した（文部科学省，日本学術振興会 2018, 6）．

・地（知）の拠点整備事業：2013-15 年度．COC（Center of Community）事業と称する．政府の地方創生政策をふまえて，地域社会との全学的な連携による地域の課題解決や，地域振興策の立案・実施を視野に入れた取り組みを支援する．補助期間は最大 5 年，初年度の選定件数は 52 件，予算額は 23 億円である（文部科学省高等教育局大学振興課 2014）．2015 年には，地（知）の拠点大学による地方創生推進事業に名称がかわり，COC+

と称して，地域を担う人材育成を推進する事業となった．

2.5　高等教育機関への政策の影響

規制緩和や 18 歳人口の減少などに伴い，高等教育政策のうち設置認可の
役割は縮小し，評価と政策誘導の比重が高まった．評価は，質保証の業務が
国から高等教育機関に移されたことを意味し，高等教育機関には学修成果の
可視化が求められた．グローバル化による旗艦大学の国際競争をふまえて，
競争原理による政策誘導が開始された．競争的な予算配分そのものはかつて
の国立大学にもあり，学内の部局間，大学間，省内の部局間など，何段階か
の査定によって要求事項が絞り込まれた．ここにあげた事業の特色は，目的
を明示して対象を国公私立大学に広げ，採択の手順を明確にした点にある．
その反面，申請書の作成や審査に関わる関係者の負担は増えた[4]．

21 世紀 COE プログラムでは，前述した検証の一環として，採択された拠
点の責任者を対象とした調査が行われた．その回答によれば，本プログラム
が日本の教育研究環境の活性化に「非常に役立っている」が 69％，「役立っ
ている」が 29％，申請等のための学内における検討が組織の活性化に「非常
に役立った」が 63％，「役立った」が 34％であり，プログラムの目的は達成
され，学長を中心とした運営体制が大学改革の推進に効果をあげたとされた．
一方，申請にさいしての負担は「非常に重かった」が 14％，「重かった」が
47％である．申請書の審査には 300 人弱の研究者が動員された（21 世紀 COE
プログラム委員会 2006, 1-4, 16, 23-4, 55）．

GP 事業については，初期の 4 つの事業（特色 GP，現代 GP，教育 GP，大
学教育・学生支援推進事業のうち大学教育推進プログラム）に対する文部科
学省の調査検討会議の評価は以下のようである．1）大学教育改革の企画と
実施に不可欠な，職員を含む学内の幅広い共同作業を通じて，教職員の覚醒
と自覚的な改革者としての成長をもたらした．2）GP 事業の多くは追加的な
教育課程であったが，それゆえに各部局の抵抗が少なく，格好の試行事業と
して導入できた．3）改革のための多様なツールやプログラムの壮大な実験
が生まれた（国公私立大学を通じた大学教育改革の支援に関する調査検討会議
2013, 1-4）．

科学技術への影響については，21世紀COEでは9分野のうち7分野が理系であり，旗艦大学を強化するその後の政策でも理系分野の卓越性は重視された．一方，GPのような教育分野の事業はより幅広い高等教育機関を対象とし，現代GPやCOCなど社会的課題への取り組みをうながす事業も生まれた．科学技術の比重は国立大学において大きいが（第3節を参照），そこでは各大学の機能強化の方向性を，世界最高の教育研究展開拠点，全国的な教育研究拠点，地域活性化の中核的拠点に整理する，いわゆるミッションの再定義がすすめられた（国立大学改革プラン，2013年）．これには批判もある（光本 2016）．高等教育予算があまり拡大しないなかで選択と集中を目指す政策がとられたが，研究力の低下は克服されず（小林 2017b, 743），政策誘導によって研究と教育の画一化が進行しているようにみえる．

3. 高等教育における科学技術分野

3.1 日米欧の専門分野構成

高等教育の特徴の1つは専門分野の構成に現れる．高等教育の代表例である大学について，日米欧の大学卒業者の専門分野構成を表1の上方に示した[5]．専門分野の分類は項目数が少ない欧州にあわせたが，このような大まかな分類では日米欧は似ていて，理系が大学卒業者の3-4割をしめる．顕著な差異は日本の理学（自然科学）が3.2％と小さいことで，欧州の11.1％，米国の12.0％の1/3を下回る．一方，工学は日本の15.5％に対して，欧州が15.0％，米国が6.9％で米国が小さい．自然科学と工学を対比すれば，欧州は両者の割合が近く，米国は自然科学が工学の2倍，日本は工学が自然科学の5倍である．米国では社会科学が大きく，全体の6.1％をしめる心理学がここに含まれる．

3.2 日本の専門分野構成

表1の下方には，日本の専門分野構成の変化を示した．国公立大学（政府が政策的に実施する高等教育）と私立大学を対比すると，科学技術分野（理，

表1 日米欧の専門分野別の大学卒業者数

	芸術・人文学	社会科学	理学	工学	農学	保健	教育	その他	合　計
日本 (2017 年度)	17.4	35.6	3.2	15.5	3.1	10.9	8.0	6.3	57 万人
米国 (2016 年)	12.7	47.5	12.0	6.9	1.9	11.9	4.5	2.6	192
欧州 (2016 年)	11.0	33.8	11.1	15.0	1.7	13.6	9.0	4.8	455
日本の国公立大学・年度別									
2017	10.4	18.5	5.9	27.3	6.3	13.4	12.6	5.6	129,910 人
2000	9.8	20.5	7.0	29.8	6.7	7.7	17.1	1.4	121,205
1980	9.1	17.4	6.4	25.9	8.2	7.1	23.8	2.1	84,099
1965	11.7	16.4	5.3	24.0	9.1	6.6	25.0	1.9	50,419
1945	3.1	12.0	8.6	42.2	6.6	22.3	5.2	0.0	5,373
1930	8.9 9.3	35.0	4.4	12.8	8.2	21.4	0	0	5,608
1910	12.0	31.9	4.6	24.3	7.8	19.4	0	0	1,151
1889-93	4.7	39.1	5.0	13.7	13.6	23.9	0	0	802
1881-85	7.6	14.6	8.7	37.4	6.8	24.9	0	0	515
日本の私立大学・年度別									
2017	19.4	36.8	2.4	12.0	2.1	10.2	6.7	10.4	435,526 人
2000	22.7	46.2	2.3	16.4	2.0	4.0	3.1	3.3	417,478
1980	18.9	48.3	2.1	17.6	2.4	4.2	4.0	2.5	294,567
1965	19.1	54.0	1.9	16.1	2.6	3.6	0.1	2.6	111,930
1945	9.2	63.4	0	18.5	0.3	8.6	0	0	4,822
1930	16.4	65.5	0	10.2	1.5	6.4	0	0	5,636

注　数学の単位は，最右側の合計の欄上段 3 行が万人，以下は人．他の数字は割合（%）を示す．日本の戦後は『学校基本調査報告』，戦前は 1881-85，1889-93 年度が中山（1978, 82-3），それ以外は『文部省年報』，米国は National Center for Education Statistics（2017），欧州は Eurostat（2019）から著者作成．日本の国公立大学の 1930 年度は，下欄が東北帝国大学と九州帝国大学の法文学部で芸術・人文学と社会科学が区別できない．それ以外の国公立大学は上欄．欧州は欧州連合 28 カ国の学士・修士・博士の合計．

工，農，保健）は国公立の比重が大きい．私立は社会科学と芸術・人文学が大きく，専門分野の役割分担がみられる．理学に対する工学の規模の優位は，国公立・私立および時代によらずみられる．

　歴史的にみると，工学部の割合が大きい時期として，明治初期（1881-85 年）と 1945 年がある．明治維新ののち，文部省は 1877（明治 10）年に法医文理の 4 学部からなる東京大学を創設したが，殖産興業や社会基盤整備を担

表2　人口100万人あたりの科学技術の学士号授与数

	米国 （2015 年）	日本 （2017 年度）
農業科学	91.6	138.6 人
生物学	357.8	16.9
地球・大気・海洋科学	22.2	5.8
物理学	69.9	90.0
数　学	71.9	28.9
計算機科学	187.4	—
科　学　計	800.8	280.3
航空宇宙工学	12.0	4.1
応用化学	38.9	62.8
土木工学	47.8	102.6
電気電子工学	66.4	200.3
経営管理工学	18.1	15.8
機械工学	83.1	126.5
その他工学	44.2	179.6
工　学　計	310.5	691.7
科学技術計	1,111.3	972.0
全分野の総計	5,955.0	4,453.0

注　日本は『学校基本調査報告』，米国は National Science Foundation (2018) から著者作成．米国は 2015 年の人口，日本は 2018 年 4 月の人口で除した．四捨五入のため，分野別の数値の集計と科学計，工学計，科学技術計の数値に一致しないものがある．

当した政府部局は内部に教育機関を設置して必要な人材を養成した．司法省の法学校，工部省の工部大学校がその代表例である．1886（明治 19）年にはこれらを統合して，工学をくわえた 5 学部（分科大学）からなる帝国大学が発足したが，工学部の規模の 3/4 は工部大学校に由来する．このころ，政府の発想が国家の設計から，ある程度できあがった国家の管理へとかわり，その任にあたる行政官を養成する法学部が拡張された．1889-93 年の社会科学の拡大はその帰結である（中山 1978, 80-90）．1945 年は戦時体制下の理工系の拡張による．

3.3　科学技術の日米比較

　表 2 には，日米の人口 100 万人あたりの学士の授与数を詳細な専門分類によって示す[6]．表の上部が自然科学分野である．科学計の値は米国が 800.8 人に対して日本は 280.3 人であり，既述のように日本では科学の規模が小さい．米国と日本の格差が大きい分野は，生物学の 357.8 人対 16.9 人，地球・大気・海洋科学の 22.2 人対 5.8 人である．米国の生物学にあたる日本の学士は，生物学のほか，農業科学（農学），工学の応用化学，保健分野の基礎医学などに分散した可能性がある．計算機科学は分類項目が日本にはないが，関連分野である情報工学が電気電子工学にかなり含まれている．表の下部が工学分野である．工学計の値は米国が 310.5 人に対して日本は 691.7 人であ

表3　理工農学部における学部名称の多様化

卒業者数	理学部系			工学部系			農学部系		
	理学部	それ以外	理学部計	工／理工学部	それ以外	工学部計	農学部	それ以外	農学部計
1980	38,835	0	38,835	328,942	15,793	344,735	36,992	25,433	62,425
1990	42,563	175	42,738	357,128	20,089	377,217	39,822	29,787	69,609
2000	54,303	8,879	63,182	433,774	42,097	475,871	36,168	33,657	69,825
2010	47,457	26,304	73,761	320,397	88,474	408,871	32,870	41,342	74,212
学部名称の数									
1980	1	0	1	2	6	8	1	11	12
1990	1	1	2	2	8	10	1	13	14
2000	1	5	6	2	22	24	1	14	15
2010	1	17	18	2	51	53	1	22	23

注　『学校基本調査』各年度から著者作成.

る. 工学のなかで米国が大きい領域に航空宇宙工学があり, 米国の 12.0 人に対して日本は 4.1 人である. 科学技術の合計は米国が 1,111.3 人に対して日本は 972.0 人と, ほぼ同等である.

3.4　学部名称の多様化

　規制緩和の一環として 1991 年に学位規則が改正され, 工学博士のような学位の種類は廃止された. 各大学が適切な専攻分野を学位に付記して博士（工学）などとすることとなり, 学位と学部の名称は多様化した. 学部名の数と学部の数は, それぞれ 1990 年度の 99 と 1,310 から, 2000 年度は 228 と 1,792, 2010 年度には 481 と 2,479 になった. 学部名の数は現在では約 700 にのぼる. 大学が規模を拡大するさい, 既存の学部が数を増やすだけならば学部名の数は増加しないから, 学部名の増加は多様性の進展を表す. 伝統的な学部名の代表例は 10 をかぞえる 1 文字学部（文, 神, 法, 商, 理, 工, 農, 医, 歯, 薬）である. これらの学部の総数は 700 前後で 1990 年度から 2010 年度まであまり変化せず, 文字数が多い名称の学部が, 学部名と学部の数をともに増やした（塚原 2012, 145）.

　表 3 には, 理, 工, 農について学部名称の数と卒業者数をあげた. いずれの分野も, 伝統的ではない名称の学部とその学生数が増加している. 学位規

則の改正後の2000年度に注目すると，理学系には情報科学，生命科学，環境科学など新領域の学部が現れた．研究動向に比べて遅いかどうかはともかく，重要な分野名といえる．工学系は工学部と理工学部を伝統的な学部名とみなした．それ以外の名称として1980年度には，学内にある複数の工学部を区別した基礎工学部と生産工学部や，工学の特定領域をさす電気通信，鉱山，工芸，芸術工学などの学部があった．これらとは別に，2000年度には新領域の学部として情報工学とシステム工学が現れた．農学系は，農学部のほかに農獣医，水産，海洋などの学部が当初からあり，生物資源科学部，生命環境学部などが加わって多様化した．

学部名称の多様化には批判もある．天野（2001, 10）によれば，それは「学部のアメリカ的なカレッジ化，教養学部ないし文理学部化」であり，「情報，環境，国際，文化，総合，政策などを組み合わせた4文字，6文字の新名称学部は［そうした］学部のようにみえる」から，「すでに日本的な『教養学部』が生まれている」というのである．これに対して，理工農系の新しい学部名は新領域の成長を表す．従来ならば，伝統的な学部の学科群として組織されたものが，学位規則の改正により新名称学部として独立したといえる．

3.5　科学技術分野の日本の特色

以上をまとめると，次のようになろう．

(1) 各国の高等教育の規模と分野構成は，それぞれの社会の人材需要におおむね対応していよう．日欧米は先進国であり，その人材需要は類似していると推測される．表1で日欧米の専門分野の構成比が類似していたことは，その反映であろう．

(2) 日本の特色は自然科学（理学部）が小さく，工学（工学部）が大きいことであるが，工部大学校の遺産ともいえる．科学技術活動に対する需要が先進諸国においてあまりかわらないとすれば，日本の工学部は外国なら科学とみなされる活動を分担している．その代表例が学術的研究であり，日本の工学部はノーベル賞受賞者を輩出している．その反面，設計，生産，施工といった実際的な領域の教育内容は圧縮されていた可能性がある．もっとも，有力大学の学士は修士課程に進学する者が多く，

就職先の企業等では研究開発部門に所属する傾向がある．工学部の研究
志向はこうした状況と整合的である．

(3) 科学技術を詳細に分類すると，米国に比べて日本が小規模な分野に生
物学，計算機科学などがある．いずれも先端分野であるが，日本は小規
模であるとともに，統計数値が既成の専門分類に埋没していた．これら
が統計の枠組みの古さによるものか，先端分野への慎重な措置を反映し
たものかは検討を要しよう．

4. 科学技術社会論の展開

科学技術社会論は，科学技術と社会の界面に生じる諸問題を研究する分野
とされるが（小林 2001），これに該当する分野は1つではない．たとえば，
科学史のうち外部史（科学の社会史），科学論，科学哲学，科学社会学など
の研究対象には上記の諸問題が含まれよう．技術の進歩が人間社会を変えて
きた有史以来のあゆみをみれば，技術に関する歴史学，哲学，社会学などが
こうした諸問題に注目するのは自然である．隣接領域である科学技術政策研
究，研究開発マネジメント論なども上の規定にあてはまる．以下では，科学
技術社会論とその関連分野を対象に高等教育政策の影響を考察する．

4.1 科学技術社会論の制度史

科学技術社会論の関連分野の教育課程として，日本でもっとも早いものは
1951 年に誕生した東京大学教養学部教養学科の科学史および科学哲学分科で
ある．1970 年には，大学院の科学史科学基礎論専攻を設置して拡充された
（東京大学科学史・科学哲学研究室 2010）．科学技術社会論学会の初期の会員に
はその出身者が多く，この学会の発祥地の1つとなった．1985 年には隣接領
域において，科学技術政策と技術経営（Management of Technology: MOT）
の研究を目的とする研究・技術計画学会が設立された．

科学技術社会論の画期は，1999 年の世界科学会議における「科学と科学的
知識の利用に関する世界宣言」である．宣言では 21 世紀の科学技術のあり
方について，それまでの「知識のための科学」にくわえて，「平和のための

科学」，「開発のための科学」，「社会のなかの科学・社会のための科学」への強力な関与が必要であるとした（世界科学会議 1999）．これにそって科学技術庁は「社会技術の研究開発の進め方に関する研究会」を設置し，研究会は2000 年に社会技術の推進を提言した．社会技術とは，社会の問題の解決を目指す技術，自然科学と人文・社会科学との融合による技術，市場メカニズムが作用しにくい技術の 3 つをさす．2001 年には社会技術研究システムが発足して，社会技術の研究開発を推進した（社会技術研究開発センター 2017；福島2010）．

科学技術社会論学会は 2001 年に創設された．その「設立の背景」には制度的な事項として，社会技術研究システムの発足とともに，研究者集団の形成を表す STS NETWORK JAPAN と科学・技術と社会の会の設立と，1998年の「科学技術と社会に関する国際会議」の開催が記されている（科学技術社会論学会 2001）．

技術経営論の分野では，2002 年度から経済産業省が技術経営人材育成プログラム導入促進事業を開始した．その必要性については，あらゆるビジネスが技術と関係し，かつ技術革新の進展によりますます技術が細分化・深奥化するなかで，技術と経営の本質を理解してマネージできる技術経営人材の活躍によって，日本の研究開発投資の経済価値化が促進され，産業競争力の向上と経済の活性化が期待されるとしている．事業の内容は技術経営プログラム等の開発，実践的な技術経営教育者の育成，技術経営の普及啓発などであり，2005 年時点の教育課程として，大学院の学位課程 47，大学内外の短期課程 36 があげられている（経済産業省大学連携推進課 2005）．

2005 年には，科学コミュニケーション関連の教育課程が 4 大学につくられた．大阪大学コミュニケーションデザイン・センターは，大学院の共通教育と副専攻課程を担当する部局として設置された（大阪大学コミュニケーションデザイン・センター 2016）．科学技術振興調整費による教育課程として，北海道大学の科学技術コミュニケーター養成プログラム（履修証明課程），東京大学の科学技術インタープリター養成プログラム（大学院の副専攻課程），早稲田大学の科学技術ジャーナリスト養成プログラム（修士課程）が開設された．5 年間の補助事業が終了したのち，北海道大学と東京大学の教育課程

表4　イノベーションの語を冠した学科・研究科等

設置年度	名　称
2003	城西大学大学院経営学研究科ビジネス・イノベーション専攻
	立命館アジア太平洋大学経営大学院経営管理研究科イノベーションと技術経営コース
2005	東京工業大学大学院イノベーションマネジメント研究科
	成城大学社会イノベーション学部政策イノベーション学科
2008	青山学院大学大学院社会情報学研究科社会情報学専攻ヒューマンイノベーションコース
2009	三重大学大学院地域イノベーション学研究科
2011	横浜国立大学大学院都市イノベーション学府・研究院
	静岡県立大学大学院経営情報イノベーション研究科
2015	大分大学経済学部社会イノベーション学科
	埼玉大学経済学部経営イノベーションメジャー
	長岡技術科学大学大学院工学研究科技術科学イノベーション専攻
2016	愛媛大学社会共創学部産業イノベーション学科
	愛媛大学大学院農学研究科食料生産学専攻地域イノベーションコース
	神戸大学大学院科学技術イノベーション研究科
	金沢工業大学大学院イノベーションマネジメント研究科
2019	東京農工大学大学院農学府国際イノベーション農学コース
	武蔵野美術大学造形構想学部クリエイティブイノベーション学科

は学内の部局となって今日に至る．早稲田大学の教育課程は，2010年度から大学院政治学研究科ジャーナリズムコースの専門認定プログラムとなった（天野 2016）．

　2011年度には，「科学技術イノベーション政策における「政策のための科学」」を推進する文部科学省の事業が開始された．その目的は科学技術イノベーション政策のあり方を科学的に研究し，その成果を政策として実行することにあり（科学技術イノベーション政策のための科学推進委員会 2011），基盤的研究・人材育成拠点として6大学の5拠点が採択された．政策研究大学院大学の科学技術イノベーション政策プログラム（修士・博士課程），東京大学の「科学技術イノベーション政策のための科学」教育プログラム（大学院横断型教育課程），一橋大学のイノベーションマネジメント・政策プログラム（修士・博士課程の履修証明課程），大阪大学と京都大学が連携した公共圏における科学技術・教育研究拠点（修士課程の副専攻），九州大学の科学技術イノベーション政策教育研究センター（大学院の共通教育科目）である（基盤的研究・人材育成拠点中間評価委員会 2015）．イノベーションの語を冠した教育課程はそのほかにも誕生したが（表4），政策の科学よりもイノベー

ションそのものを目的とする技術経営論に近いもののようにみえる.

4.2 科学技術社会論への政策の影響

前述のように，科学史は科学技術社会論の揺りかごの役割を果たした.
1956 年に制定された大学設置基準では，大学卒業の要件の 1 つとして，一
般教育科目の 36 単位以上を，人文，社会，自然の 3 分野にわたって修得す
ることが求められた．科学史は自然科学の科目とされ，文系の小規模大学な
どでは，学生が学びやすく，実験設備などを必要としない自然科学の科目と
して重宝がられたという．大学設置基準は 1991 年に大綱化されてこの規定
は消滅し，科学史をおく制度的な理由はなくなった．国立大学では一般教育
を担当した教養部が解体され，教員はさまざまな学部に分属された．理工系
の学部に分属した科学史や科学技術論の研究者は，科学者・技術者と親和的
にならざるを得ないと後藤（2018, 21）はいう．科学史の開講も個別大学の
判断にゆだねられ，担当教員が定年などで退職したとき，同じ専門分野から
後任が補充されるかどうかは不透明である.

科学技術社会論の制度化のうち，社会技術研究システムは科学技術庁の，
科学コミュニケーションは文部科学省科学技術・学術政策局の，「政策のた
めの科学」は研究振興局の事業であり，技術経営論の制度化は経済産業省が
推進していて，いずれも高等教育政策ではない．イノベーションの語は
2000 年代の後半以降に広く使われたから（小林 2017a, 56），この語を冠した
教育課程が誕生することに不思議はない．しかし，産業競争力会議の新陳代
謝・イノベーション作業部会における文部科学省高等教育局長の報告によれ
ば，イノベーションの観点からの大学改革は国立大学法人の種別化と一部の
大学による世界的な卓越性の追求からなり（産業競争力会議新陳代謝・イノベ
ーション WG 2014），イノベーションの直接的な推進は言及されていない.

今後の動向を展望すると，科学技術社会論の教育や研究に対して，科学技
術・学術政策からさらなる支援が得られる可能性はありそうに思えるが，本
章の話題ではない．前述のように，現在の高等教育政策は機能別分化を伴う
政策誘導が主となる．その支援を得るには，世界最高水準の拠点形成や国な
いし地域への貢献といった，大学を単位とした機能別の文脈に科学技術社会

論を位置づけることになるが，どうであろうか．高等教育機関の自主性や自
発性の視点からは教育需要と人材需要が注目されるが，教育課程の数からみ
て成功したものは技術経営論であり，科学コミュニケーションや政策のため
の科学に関する教育課程は，政策的な支援によって設置されたのち数が増加
していない．

4.3 科学技術社会論の制度化

　科学技術社会論の制度化には少なくとも4つの形態がある（藤垣 2013）．
その1つは専門学科等で，大学教員や研究者などの後継者養成機能をもつも
のをさす．前述した教育課程にも該当するものがある．国内外の状況をみる
と，20周年をむかえる科学技術社会論学会には約400名の会員がつどう．国
際学会である Society for Social Studies of Science（4S）は 1976 年に設立さ
れ，主要な研究者による論集が4版にわたるハンドブックとして刊行された
（Felt *et al.* 2016 ほか）．Science and Technology Studies: Next Twenty には
104 の教育課程が登録され，内訳は米国 48，欧州 42，その他 14 であるが日
本のものはない．日米の人口比からいえば，科学技術社会論の教育課程が形
態はともかく今の2倍くらい国内にあってよい．

　このことを説明する仮説の1つが専門分野の構成にある．科学が世界科学
会議のいう「知識のための科学」の状態にあるとすれば，そうした科学と社
会の界面を研究する科学技術社会論の役割は大きい．一方，技術や工学には
社会との界面の研究がある程度は組み込まれていて，科学技術社会論の役割
はそれだけ狭くなる．それゆえ，自然科学の規模が大きい欧米では科学技術
社会論が繁栄し，自然科学が小さく，工学が大きい日本はその状況に至らな
いとみるのである．

　制度化の他の形態は，副専攻，自然科学の教育課程への組み込み，教養教
育への組み込みである．最初の2つは国内に前述した事例があり，上記の理
由から拡大する可能性があろう．3つ目に関連して，2040 年を展望した最近
の審議会答申（中央教育審議会 2018）によれば，技術の急速な変化やグロー
バル化によって予測不可能な時代が到来する．そうした時代には，専攻分野
の専門性を有するだけでなく，基礎的で普遍的な知識・理解や汎用的な技能

など陳腐化しない学修成果を文理横断的に身につけさせることが高等教育には求められるという．科学技術社会論は，文理横断型・融合型の教養教育に貢献できる．

　文部科学省はまた，ガバナンス改革として学長のリーダーシップによる大学運営を政策的に推進している．これを実現する前提はさまざまな学部などの熟議と合意形成にあり，文系と理系に通じた科学技術社会論の専門家は学内の調整役として適任であろう．これからの高等教育政策は，科学技術社会論への新しい需要をいくつか生み出す可能性がある．

註

1)　文部科学省ではない府省が所管する高等教育機関として防衛大学校や気象大学校などがあり，民間にも高等教育段階の教育機関はあろうが，これらは扱わない．
2)　首都圏の既成市街地における工業等の制限に関する法律（1959 年）と，近畿圏の既成都市区域における工場等の制限に関する法律（1964 年）を一括してさす．
3)　科学技術・学術政策の事業に，世界トップレベル研究拠点形成プログラム，戦略的研究拠点育成（スーパー COE），研究大学強化促進事業などがある（科学技術振興機構研究開発戦略センター科学技術イノベーション政策ユニット 2016）．
4)　キンモンス（2005, 129）は英国で導入された研究費配分の新方式（Research Assessment Exercise）の経費と効果について，新方式によって配分し直された金額を効果とするべきだという．この立場からいえば，旗艦大学を支援する事業の評価はきびしいものとなろう．
5)　専門分野の分類は以下の通り．日本：大分類の商船，家政をその他に含めた．米国：大分類の 30 分野を集約し，心理学を社会科学，学際領域をその他とした．欧州：サービス，学際領域，不明をその他とし，Eurostat の分類にそって情報通信技術を自然科学に含めた．
6)　米国『科学技術指標』の学士号授与数は，国立教育統計センターの統計から科学技術分野を抽出して理解しやすい分類で示される．科学技術の範囲から建築学，環境学，保健などが除外され，社会科学（歴史学を除く）と心理学が含まれる．表 2 は，社会科学と心理学を除いて作成した．

文献

天城勲，慶伊富長 1977：『大学設置基準の研究』東京大学出版会．
天野彩 2016：「科学コミュニケーター養成講座のこれまでとこれから：英国インペリアルカレッジを参照しつつ考える」，https://scienceportal.jst.go.jp/clip/20160115_01.html（2019 年 2 月 20 日閲覧）
天野郁夫 2001：「『教養教育』を問い直す」『IDE 現代の高等教育』426, 5-12.
天野郁夫 2017：『帝国大学：近代日本のエリート育成装置』中央公論新社．

中央教育審議会 2005：『我が国の高等教育の将来像（答申）』.

中央教育審議会 2018：『2040 年に向けた高等教育のグランドデザイン（答申）』.

Eurostat 2019: Tertiary education graduates: main subject areas, https://ec.europa.eu/eurostat/web/products-eurostat-news/-/DDN-20190125-1（2019 年 5 月 5 日閲覧）

Felt, U., Fouché, R., Miller, C. A. and Smith-Doerr, L. (eds.) 2016: *The Handbook of Science and Technology Studies, 4th Edition*, The MIT Press.

藤垣裕子 2013：「学会設立 10 年に思うこと：現場と現場をつなぐ学問としての STS」『科学技術社会論研究』10，90-2.

福島杏子 2010：「科学技術と社会をつなぐ研究の支援的マネジメントの実践」『科学技術コミュニケーション』8，85-98，https://eprints.lib.hokudai.ac.jp/dspace/bitstream/2115/44529/1/JJSC8_008.pdf（2019 年 2 月 20 日閲覧）

後藤邦夫 2018：「「科学技術社会論」における「社会」をめぐる考察」『科学技術社会論研究』15，13-26.

濵口道成，伊藤裕子，高杉秀隆 2017：「データから見た日本の科学技術力の危機：その処方箋はあるか」『IDE 現代の高等教育』589，9-16.

伊神正貫 2017：「日本の科学研究力の停滞の背景をよむ：科学技術・学術政策研究所の調査研究より」『科学』87(8)，744-55.

科学技術イノベーション政策のための科学推進委員会 2011：「科学技術イノベーション政策における「政策のための科学」基盤的研究・人材育成拠点整備事業 整備方針」，http://www.jst.go.jp/crds/scirex/download/pdf/seibi_houshin.pdf（2019 年 2 月 20 日閲覧）

科学技術社会論学会 2001：「設立の背景」，http://jssts.jp/content/view/14/27/（2019 年 2 月 20 日閲覧）

科学技術振興機構研究開発戦略センター科学技術イノベーション政策ユニット 2016『調査報告書 我が国における拠点形成事業の展開：課題と展望』，https://www.jst.go.jp/crds/pdf/2016/RR/CRDS-FY2016-RR-01.pdf（2019 年 2 月 20 日閲覧）

経済産業省大学連携推進課編 2005：『技術経営のすすめ：産学連携による新たな人材育成に向けて』.

基盤的研究・人材育成拠点中間評価委員会 2015：『科学技術イノベーション政策における「政策のための科学」基盤的研究・人材育成拠点中間評価報告書』，http://www.mext.go.jp/a_menu/kagaku/kihon/__icsFiles/afieldfile/2015/12/07/1362850_01.pdf（2019 年 2 月 20 日閲覧）

キンモンス，アール 2005：「イギリスにおける研究評価の問題点」，秦由美子編『新時代を切り拓く大学評価：日本とイギリス』東信堂，127-81.

小林信一 2012：「科学技術政策と大学財政」『高等教育研究』15，135-57.

小林信一 2017a：「科学技術イノベーション政策の誕生とその背景」『科学技術社会論研究』13，48-65.

小林信一 2017b：「日本の科学技術の失われた 20 年」『科学』87(8)，736-43.

小林信一 2018：「ふりかざされる大学ダメ論がダメな理由」『科学』88(8)，838-45.

小林信一 2019：「医薬研究者養成のリアル：専門職養成の葛藤」『科学』89(1)，89-96.

小林傳司 2001：「科学技術社会論学会 設立趣意書」，http://jssts.jp/content/view/15/27/（2019 年 2 月 20 日閲覧）

国公私立大学を通じた大学教育改革の支援に関する調査検討会議 2013：『国公私立大学を

通じた大学教育改革の支援の在り方について（意見まとめ）」，http://www.mext.go.jp/
component/b_menu/shingi/toushin/__icsFiles/afieldfile/2013/08/30/1339130_01.pdf
（2019 年 2 月 20 日閲覧）

小島幸治 2005：「科学技術創造立国に向けた大学院の課題」『IDE 現代の高等教育』第
466 号，48-52.

高等教育局大学振興課大学改革推進室 2004：『『特色ある大学教育支援プログラム』一問一
答』http://www.mext.go.jp/component/a_menu/education/detail/__icsFiles/afieldfile/
2015/03/25/1233007_001.pdf（2019 年 2 月 20 日閲覧）

黒木登志夫 2017：「大学間格差はべき乗則にしたがう：J2 COE の提唱」『IDE 現代の高等
教育』589，17-25.

教育再生実行会議 2013：『これからの大学教育等の在り方について（第三次提言）』.

牧野淳一郎 2018：「3.11 以後の科学リテラシー no.67」『科学』88(7)，704-7.

光本滋 2016：「国立大学の危機：構造と事態打開の方向」『科学』86(4)，357-61.

宮野公樹 2017：「文部科学省の本分，大学の本分：政策立案現場にある背景思想と一意見」
『科学技術社会論研究』17，113-21.

文部科学省 2003：『平成 15 年度 特色ある大学教育支援プログラム公募要領』，http://www.
mext.go.jp/component/a_menu/education/detail/__icsFiles/afieldfile/2015/03/25/1232979_
002.pdf（2019 年 2 月 20 日閲覧）

文部科学省，日本学術振興会 2014：『平成 26 年度 GCOE グローバル COE プログラム』，
https://www.jsps.go.jp/j-globalcoe/data/H26_phanphlet.pdf（2019 年 2 月 20 日閲覧）

文部科学省，日本学術振興会 2018：『大学教育再生加速プログラム（AP）：Acceleration
Program for University Education Rebuilding』，https://www.jsps.go.jp/j-ap/data/
h30AP-program.pdf（2019 年 2 月 20 日閲覧）

文部科学省高等教育局大学振興課 2014：『平成 25 年度 地（知）の拠点整備事業』，http://
www.mext.go.jp/component/a_menu/education/detail/__icsFiles/afieldfile/2014/05/20/
1346067_01.pdf，02.pdf，03.pdf（2019 年 2 月 20 日閲覧）

中山茂 1978：『帝国大学の誕生：国際比較の中での東大』中央公論社.

中山茂 1994：『大学とアメリカ社会：日本人の視点から』朝日新聞社.

中山茂 2003：「ポスト冷戦期の大学と科学技術」『高等教育研究』6，149-70.

National Center for Education Statistics 2017: Table 318.30. Bachelor's, master's, and
doctor's degrees conferred by postsecondary institutions, by sex of student and disci-
pline division: 2015-16, https://nces.ed.gov/programs/digest/d17/tables/dt17_318.30.
asp（2019 年 5 月 5 日閲覧）

National Science Foundation 2018: Earned bachelor's degrees, by sex and field: 2000-15,
Science and Engineering Indicators 2018, Appendix Table 2-21, https://www.nsf.gov/
statistics/2018/nsb20181/report/sections/higher-education-in-science-and-engineering/
undergraduate-education-enrollment-and-degrees-in-the-united-states#undergraduate-
degree-awards（2019 年 5 月 5 日閲覧）

21 世紀 COE プログラム委員会 2006：『「21 世紀 COE プログラム」の現況等に関する検証
と今後の展望について：検証結果報告書』，https://www.jsps.go.jp/j-21coe/07_sonota/
index.html（2019 年 2 月 20 日閲覧）

大阪大学コミュニケーションデザイン・センター 2016：「CSCD の沿革」，http://www.

cscd.osaka-u.ac.jp/about/history.php（2019 年 2 月 20 日閲覧）

産業競争力会議新陳代謝・イノベーション WG 2014：「産業競争力会議新陳代謝・イノベーション WG（第 4 回）議事要旨」12 月 17 日開催, https://www.kantei.go.jp/jp/singi/keizaisaisei/wg/innovation/dai4/gijiyoushi.pdf（2019 年 2 月 20 日閲覧）

Science and Technology Studies: Next Twenty: STS Program List, http://stsnext20.org/stsworld/sts-programs/（2019 年 2 月 20 日閲覧）

世界科学会議 1999：「科学と科学的知識の利用に関する世界宣言（ブダペスト宣言）」『学術の動向』24（1）, 2019, 62-7.

社会技術研究開発センター 2017：「沿革」, https://www.jst.go.jp/ristex/aboutus/organization.html（2019 年 2 月 20 日閲覧）

東京大学科学史・科学哲学研究室 2010：「当研究室について：研究室の歴史」, http://hps.c.u-tokyo.ac.jp/about/history/index.php（2019 年 2 月 20 日閲覧）

塚原修一 2012：「世紀転換期の政策動向：科学技術と高等教育を対象に」, 吉岡斉編集代表『[新通史] 日本の科学技術：世紀転換期の社会史 1995 年〜 2011 年』別巻, 原書房, 131-53.

塚原修一 2015：「科学技術政策の変遷と高等教育政策」『高等教育研究』18, 89-104.

潮木守一 1992：『ドイツの大学：文化史的考察』講談社.

潮木守一 2017：「高等教育の大衆化と科学研究」『科学技術社会論研究』13, 13-23.

山田礼子 2017：「21 世紀型教養をどう STEM 高等教育に取り入れるべきか？：グローバル・コンピテンシーと STEM 高等教育の課題」『大学教育学会誌』39(1), 86-90.

山田礼子 2018：「文理融合の新しい STEM プログラムの動向：米国, シンガポール, 日本の事例を中心に」『大学教育学会誌』40(1), 54-8.

横尾壮英 1992：『中世大学都市への旅』朝日新聞社.

吉永契一郎 2018：『高等教育のグローバル化と STEM 教育改革』高等教育研究叢書 140, 広島大学高等教育研究開発センター.

第7章　東アジアと欧州の STS

塚原東吾

1. 課題と問題の枠組み

1.1　本章の課題

　東アジアの STS とは一口にいっても，さまざまな潮流や議論がある．なにより韓国や台湾ではさまざまな社会運動と連動した STS の実践が展開している．さらに地域をやや広げてみるならインドネシアからはスルフィッカー・アミール（Sulfikar Amir）を中心として優れた STS 研究が陸続と現れている[1]．またフィリピンではフィリピン大学理学部（数学）教授で副学長のフィデル・ネメンゾ（Fidel Nemenzo）が主催して 2015 年に第 1 回全国 STS 会議が開催され，2018 年にはフィリピン大学で STS 教育コースが開かれているようだ[2]．中国の STS は隆盛をみているようだが，いわゆる社会批判から生まれてきた知的運動とは別の側面をもち，独自の政策推進・開発主義的な展開がみられる．

　東アジアをどういう領域として理解するかという境界設定も問題になる．たとえばシンガポール大学ではグレゴリー・クランシー（Gregory Clancey）が辣腕を発揮してアジアでの STS のハブになるための制度的努力を結実させつつある．少し首を伸ばして西をみてみるなら，インドの STS 研究者は早くからジャーナル[3]を刊行しており，グローバルサウスの視点からの STS を展開してきている．さらにオーストラリアを中心にした「アジアパシフィック STS ネットワーク（Asia-Pacific STS Network: APSTSN）」と

いう組織もあり[4]，ネオヨーロッパ的な貪欲さでその版図の拡大をうかがっている．先に述べたインドネシアやフィリピンについて，たとえばインドネシアは東南アジアだが，フィリピンはアメリカの極東軍事戦略においては「東アジア」の戦略システムに組み入れられている．

　このように東アジアの STS の全体像は，筆者 1 人ではうまく説明しされないものがある．科学技術は，そもそも帝国主義の側にあった「帝国のツール（Tool of Empire）」（ヘッドリク 1989）である[5]．だがときに抵抗の武器と考えられたり，民族解放のイデオロギーとして理想化されて，ユートピア的なユニバーサリズムを象徴するものとさえ考えられた．日本帝国主義にとっての「和魂洋才」や「総合技術」というスローガンをはじめとする「科学技術立国論」，そして社会主義が科学的を自称したことなどを想起すれば，そのような政治的インプリケーションがあったことは容易に想起される．さらに今や「対抗的な帝国」を目指す国家群では，STS 研究者がテクノクラシーの「走狗」となっている場合も多くみられる．このように STS は，東アジアの現実をみるなら，まったくもって「一筋縄」ではいかない．

　東アジア STS のアカデミック・コミュニティの形成からみていくなら，*EASTS*（*East Asian Science, Technology and Society*）誌（2007 年創刊）を中心とした流れと，その創刊にさきだって 2000 年代に入ったころから動き出した東アジア STS ネットワークの 2 つが並立している．前者を「ジャーナル・アプローチ」，後者を「ネットワーク・アプローチ」と呼ぶことにして，この章ではこれらの現況についての簡単な紹介をしたい．

1.2　3 つの問いの枠組み

　東アジア STS の現況の説明に加えて，STS には，いくつかの研究のスタイルがある．このことは本シリーズの「ねらい」でも 3 つにまとめて明示されているが，ここでは東アジアの STS を検討するうえで，それらを以下のようにまとめ直してみた．

　（1）STS には，現実（それは既存の技術体系や現行の知識生産）を所与のものとしてとらえるのではなく，選択の結果，今のものになったことを例示する研究群がある．この考え方を応用すると，東アジアでは，ど

のような展望が開けるだろう．また東アジアの科学技術が経てきたそのような選択のもつ歴史性や差異をどう考えたらいいのだろう．STS の枠組みから，それらはどのようにとらえ直すことができるのだろう．

(2) 技術や科学のもつ意味は，設計者が意図したものだけに定まるのではなく，使い手のグループによってさまざまに解釈されることを明らかにする研究群がある．では東アジアで現実に展開しているさまざまな技術や科学の実践的なあり方を検討してみると，どのような視点がみえてくるだろう．

(3) 科学と非科学の境界を引こうとする作業（境界画定作業）は，それぞれの科学や非科学の担体となる文化や社会で異なるであろう．東アジアでは，それぞれどのような基準によってこの線引きは試みられているだろう．このような境界を明らかにする研究群の視点から，東アジアの問題をとらえるとすると，問題の見え方はどう変わるだろう．

これらの問題を考えるために，まずは東アジアの STS は文明論として考えられるというあたりから論じてゆきたい．文明論的なアプローチこそが，東アジア STS を考える際の，長い「前史」，もしくはより大きな「前提条件」だからである．

2. 文明論としての東アジアの科学・技術と社会

2.1 ヨーロッパの近代科学技術のグローバル化

「東アジアの科学技術と社会」というのは，そもそもからして，文明論的な課題ではなかろうか．西欧の近代が生み出してきたのが「科学」である．17 世紀科学革命はコペルニクスやケプラーに濫觴をもつ．それをガリレオが剛腕でつきあげ[6]，デカルトが哲学というあんこをくるりと丸め，思想というきなこをまぶした．それをニュートンとカントで知的生産システムに仕上げて流通させている．さらに産業革命や帝国主義を経て技術と一体化した科学は，「科学技術」となり世界を席巻した．なぜそんな局地的で限定的な歴史文脈で生まれた知の様式を，東アジアのわれわれが受け容れているのか．

どうやってそれはグローバル化したのだろう？　このことを問いとして立てたら，それを解く1つの入り口は東アジアでの科学技術社会論研究，すなわち東アジアSTSにある。

　いうならば，科学という営為はヨーロッパにおいて，そして近代と呼ばれる17世紀以降の特異なグローバル化の時代において生まれ出た．だから「科学」と一般にいうとき，それは「近代の」，「ヨーロッパの」科学である，つまり「西欧近代科学」である，（そしてそれだけが「科学」という一般名称に値する），というのが，日本におけるSTSの開祖[7]の1人でもある村上陽一郎の長年の主張（村上 1971）である．

　19世紀以前に「科学」という概念はおろか，それを表す言葉さえなかったというのも，村上陽一郎の主張の1つでもある．村上の議論が検討に値することはいうまでもない．17世紀には「科学者」を表す言葉さえないのだから，ガリレオの同時代の「科学」と，今の「科学」はまったく意味が違う．だから17世紀に科学革命がおこって，今の科学に連続性があると考えるのは，厳密な思想史の立場からすれば，アナクロニズムであるという．

　だが筆者はここで「逆向きのウィッグ主義」（ヘッドリク 2011）というような，後付けでもいいから現在の起源をたどる歴史主義を採用しておきたい．村上が主張するような同時代の知識生成の精密なメカニズムは，いったんおいてみて，現在の科学の起源をたどるとどうなるだろう．近代科学に匹敵するような，それらしい知識生産の営為と実践が，17世紀ごろ，とくにガリレオを軸にして生まれてきたと考えられる[8]．科学はそのようなものだと「後付け」をして，ガリレオを中心に据えたかたちで，「17世紀科学革命」という，現代の科学の起源となる一連の知的・文化的運動があったという立場をとる．

　このような17世紀科学革命論をとることで，東アジアのSTSはかなりみえやすくなるというメリットがある．さらにガリレオの企てを準備したものがあったことがみえてくる．その意味で，山本義隆による16世紀文化革命論（山本 2007）も重要な視点を与えるものとして受け入れたい．さらにこの科学革命論を想定上認めることで，伊東俊太郎による比較科学史や比較文明論（伊東 1985）も，東アジアSTSをめぐる俎上で再解析することが可能に

なる.

　だがこのようなメリットが厳密な哲学的・思想史的検証に耐え切れないというなら，それはそれで村上に一日の長がある．それでも東アジアのSTSを考えるという課題を検討するためには，保留付きではあるが，このメリットを手放すわけにはいかないというのが，筆者の本章におけるアンビバレントなスタンスである．たとえアンビバレントではあっても，「科学革命」論によって，科学技術と社会の関係性も少しはみえやすくなる．

　ではなぜそれが東アジアにまで及んだのか．直接的には，ヨーロッパ諸帝国の膨張，世界のグローバル化に伴ったものであり，そのさいに，科学技術とは暴力の謂いであり，それが帝国主義のもっとも有効なる「道具＝武器」であったことは間違いない．

　だがそれは知的に深い交流を生んだ面もある．知的交流については，古くはたとえば中国や日本に送り込まれたジェズイットなどキリスト教ミッショナリーの知的エージェンシーがある．清の康熙帝の下での中国の暦法や数学的成果において，特異な融合と高度な接受がみられているのはカトリーヌ・ジャミ（Jami 2012）などが示す通りだ．

　帝国に支配される側も，ただ西欧の優位性の前で佇んでいたわけではない．「抵抗」や「独立」のために，ヨーロッパの科学技術を自らのものにしようと必死の努力を払っていた者たちがいた．だがそのような努力が，さらなる帝国主義競争への参加のためのものともなっていた．

　種子島に漂着した鉄砲に傾いた織田信長が当時世界史に類をみない鉄砲隊を組織しているのは，科学技術と社会を考えるうえで興味深い技術接合の例だろう．さらにそれらを拒絶した豊臣から徳川に至る日本の政権が，『鉄砲を捨てた日本人』（ペリン 1984）として，歴史研究の対象になっていることは忘れてはならない．なぜならこれはもっとも長期間持続した「軍縮」の成功例でもある．核の世界管理や，ヒトクローンの科学界による自主規制，さらにヒトゲノムの問題など，現代では焦眉の「技術的成果の集団的な制限」のためには，STSにとっての貴重な歴史的ケーススタディにあたるものである．

　激しい思想弾圧のなかでそれでもヨーロッパ式科学技術や医学を追究したのが，蘭学者や洋学者であった．また中国の洋務運動派による技術吸収の努

力でもいい．彼らのスローガンが「和魂洋才」であったり「中体西用」であったりすることに，より複雑な思想的・文化的背景があったことがみえるはずだし，良きにつけ悪しきにつけ，いわゆる「科学技術政策」のお手本でもあるだろう．また清朝の康熙帝がフランス式測地法を用いて中国の地図を作製していたことが琉球でも行われていたこと[9]，それに対してインドにおけるイギリス式の地図作成や現地人の徴用（による結果的な現地人の知的貢献）の事例，そこでは「知のサーキュレーション」（ラジ 2016）があったことなどをみるなら，科学技術の受容は競合するヨーロッパ帝国の闘争のなかにあったことや，多層的な「現地の事情」があったことなどもわかる．

　このような科学技術をめぐる大きな歴史物語は，「科学と帝国主義」という研究分野で議論されている．いわゆる近代科学技術の拡散・波及論（ディフュージョン・セオリー）[10]，やコンバージョン・セオリー（収斂理論）[11]，もしくは，さらに被・非植民地側による「接受論」（いわゆる近代化論や積極的受容論）などがある．これらのモデルは近年では精緻に検討されており，相互作用に強調点をおく「サーキュレーション論」や，複雑な帝国の競合関係を鑑みた「サブサテライト論」（帝国構造論）など，多くの検討モデルが提示されている（塚原 2001；2014；塚原，坂野 2018）．

2.2　科学と文化圏，ノイゲバウアーとニーダム

　科学と文化圏ということを考えるなら，そもそもからして，古代天文学史の泰斗，オットー・ノイゲバウアー（Otto Neugebauer 1899-1990）[12]に言及しなくてはならないだろう．ノイゲバウアーの話を STS の議論のなかでもち出すのは，彼が「文化圏と科学」について，重要な視点を示したからである．彼によると精密科学（天文や暦学）は，文化圏で独立した形で営まれているものであるという．天文学や暦計算を行う「精密科学」は，医学や技術，そして初歩の算術のように，みようみまねで模倣ができるものではないし，実践における現場的応用で知識が経験的・帰納的に蓄積されるものではない．それは一定の文化のなかでの天体の観測によって得られる数値（固定値，天文定数など）が多くあり，それらを複雑に組み合わせた計算が必要で，つまり精密な知識の積み重ねや，世代をまたぐような継承や伝統，そして制

度的な基盤が必要である．そしてそれらこそが，ある特定の文化圏の指標となるというのである．これがいわゆる「ノイゲバウアー・テーゼ」と呼ばれる．さらに文化圏の影響関係をみてゆくためにも，精密科学こそが重要な指標になるという．

ノイゲバウアー・テーゼは，主に古代における精密科学，天文学や暦学計算について論じたものである．だがこれは，ヨーロッパに起源をもつ近代科学の，非西欧社会への伝播や普及についてもいえるのではなかなろうか．その意味で，東アジアのSTSを考えるさい，ノイゲバウアー・テーゼは「まだ生きている」ともいえる[13]．このテーゼが示すのは，ある意味である種の科学（とその知識生産システム）の伝播や波及についての基礎的な理論モデルであるといえる．なによりもまず，科学が文化に規定されているということを，明確に示したものである．

ノイゲバウアー・テーゼと東アジアのSTSを詳細に検討する前に，ここでは，もう1つの重要な研究成果について触れておきたい．なぜ西欧で，そして西欧のみで科学が生まれたか，それが技術と一体化しグローバルなものになりおおせたのかという疑問が沸きおこる．これはいわゆる「ニーダム・クウェスチョン」と呼ばれる，大きな研究課題となって知られている．

そもそもジョセフ・ニーダム（Joseph Needham: 1900-1995）は，第二次世界大戦時にイギリスの科学ミッションとして中国に渡り，日本軍に包囲されながらも中国の科学者たちとの交流をつづけ，そのさい，中国の古代科学の歴史にふれる機会をもっている（ニーダム 1986）．これを奇貨として，彼は科学・技術そして医学にわたる多くの古文書（漢籍）を収集し，中国の科学技術文明に関心を深めた．

ニーダムの中国科学史研究は，ひとり中国の研究にとどまるものではなかった．比較の対象として世界の科学技術史を悉皆的かつ網羅的に研究し，博覧強記にもほどがあるといいたくなるくらいの知的生成物となった[14]．ニーダムは中国の科学史を通じて，人類の文明史を書き換え，そして科学についての見方を変えさせたといってもいいだろう．ヨーロッパ中心主義的な歴史観，そして科学観が一般的であった当時，非ヨーロッパ文明に対する見方を大きく転換させ，非西欧にも科学があると認識させるものとなったという

評価は科学技術と社会を考えるうえでも，無視できるものではない．

　一般に「科学」というのは，近代ヨーロッパにおこり，世界に流布してわれわれが物理や化学，生物学などと呼んでいるもので，これらはあくまでも「西欧近代科学」である，という形容詞での限定が必要となった．だがこれは，村上陽一郎が「西欧近代」を科学につけて，限定的な知のシステムを名指すべきだという主張とは大きく理由が異なっている[15]．ニーダムがいうのは特定の（19世紀以降の）ものしか科学と呼ばない，それに値しない（そもそも科学と自称さえしていない）と，きわめて用語を限定的に考える村上とはまったく逆側からの主張であり，中世アラビアにも，古代バビロニアやエジプトにも，そして唐代の中国や江戸時代の日本にも，それぞれの文化圏にそれぞれの科学・技術・医学（Science, Technology, Medicine: STM）の体系があったという．このようにさまざまな文化圏の自然や生命についての知識体系をすべて科学と呼び，人類の形成したさまざまな文化すべての自然についての知的な営みを認めてゆく，いわば「全文化汎科学主義」とでもいえるようなスタイルが，ニーダムの中国科学史研究によって説得的に展開された．これは近年のSTSでみられる科学の人類学（B. ラトゥール），さらに科学の文化研究（J. ラウズ）と呼ばれるような分野が現在取り組んでいる場合と同じような科学に関しての文化相対主義的なスタイル（範型）が，ニーダムにおいてすでに提唱されてきていることだと歴史的に評価してもいいだろう．

　多くの実証的，記述的な歴史についての知見と洞察を得るなかで，ニーダムは15世紀までの中国は他のどの文化圏よりも，科学・技術・医学について先進的であったことを見出す．いわゆる中国先進説である．ではなぜそのような中国では，近代ヨーロッパにみられるような「科学」が生まれなかったのか？　これがニーダム・クウェスチョンである．

　ここで理由を探る場合，いわゆる「東洋的停滞」を示すような議論もある．なかでもウィットフォーゲル・テーゼ[16]は，オリエンタルな専制体制（Oriental Despotism）の政治の下の停滞を主張したもので，オリエンタリズム批判の立場からは分が悪い．そうではなくニーダムはむしろ歴史主義的に，中国が停滞していたのではなく，ヨーロッパでは資本主義，商業主義的な起業

家精神が発達し，そこに中国の科学・技術の成果が流れ込んで飛躍的な跳躍を遂げたという点を強調する．

「ルネサンスの３大発明」[17] のようなそもそも中国由来の科学技術の成果が，ヨーロッパでの商工業の発達のなかで大きく適応・改良され，航海や軍事などの諸実践をこれまでにない規模に進めた．そのことでヨーロッパは地理的版図を広げ，そして出版産業を大きく変えたことで知的世界の地図さえ塗り替えていく．これが大航海時代と呼ばれるヨーロッパ社会のグローバルな膨張を支え，ルネサンスそして宗教改革を育んだ．そこに登場したガリレオによる科学機器や数学の利用，「実験」といった方法の確立が，デカルトの機械論哲学やベーコン流経験論のこやしになっている．それが近代科学を生み出す．

ここで注目しておきたいのは，ニーダムによる中国科学技術史の成果のもう１つの側面は，近代ヨーロッパ科学の発生についての「収斂理論」と呼ばれるものだ．これは海と川の比喩，とも呼ばれている．ヨーロッパ科学という大きな「海」は，それぞれに豊かな文化圏からの科学的知見や技術的成果の「大河」が流れ込んでできたのだ，という見方である．さまざなま大河というところが，流石に中国をモデルしたものであると思える大陸的な風格を感じさせる．

このモデルが問題をもつことは，近代科学の拡散理論・波及論の問題とよく似ている．西欧近代科学を大いなる諸文明の成果を集約した「到達点」である（拡散理論のほうでは，独自の開始点である）と考えているところである．それぞれの文化・文明には，宗教や信念，歴史的・地域地理的な規定性による特徴があり，それぞれの個性があることが想定されるが，近代ヨーロッパに集約されるとき，それは唯一の普遍的なもの，人類すべてが享受することが可能なものであると想定される．その意味でこれは，ヨーロッパ近代科学を究極の集約点で考えるものである．

これは多くの文化や文明の個別の到達点や，その結晶である「精密科学」の成果，医学や技術の実践を高く評価しながらも，究極の収斂ポイントがヨーロッパ近代科学の様式であるとしてしまうという意味で，ヨーロッパ中心主義につながるといえるだろう [18]．なぜならそれは，全人類の知的所産に

ついて，ヨーロッパ科学技術こそが，そのすべての継承者であると承認することになり，それらを受け入れたり解釈したりしながらも，あらたな変換と実践を担うものはあくまでも「ヨーロッパ科学の手法」（それはガリレオ的な機械によるデータ収集，数量化や実験的手法）であると想定するからである．

　ここまでノイゲバウアーとニーダムという 20 世紀の知の巨人をあげて，ここまでの科学と文化という問題についておさらいをしてみた．東アジアのSTS を語る前に，彼ら 2 人の仕事は，最低限，知っておかないといけないだろう．科学（と技術，それに医学も含む）についてその社会との関係を考えるなら，そこには「拡散理論」があり，また「収斂理論」がある．そのもっとも基礎的な歴史的ケースについての解釈を，この 2 人の大師匠たちが，じつに大きく長い視野から，垣間みせてくれていた．東アジアの STS は「文明論的課題」でもあるという所以はここにある．

　こう考えていくと，科学革命以降，グローバル化する西欧近代に「残りの世界」が呑み込まれていくプロセスを，「東アジア」という現場で検討するのが「東アジア STS である」という見方が成り立つ．だが，本当にそれだけでいいのだろうか？

3. 東アジア「の」STS ——ネットワークの形成

3.1 いくつかの理論的問題点——視点と言語

3.1.1　東アジア「についての」，もしくは東アジア「で」行われる STS ？

　ノイゲバウアーやニーダム以降，東アジアでの科学・技術・医学については多くの研究が出ている．ここでは東アジア「の」STS とは何なのか，まずは押えておかないといけないだろう．それは東アジア「についての」STSなのだろうか？　もしくは東アジア「で」行われている STS をすべてさすのだろうか？

　この答は両方である．意識すべきか，もしくは無意識であったとしても，

そこでSTSには地域に特定できる何かの特徴があるのか，と問われる．だがその問い発想自体，逆であることも考えておかないといけないだろう．地域にとらわれない，そんな普遍妥当性や客観性，専門的純粋性などどこにあるのかと，そもそもSTSは問うてきたはずである．もしくは，今世界で標準となっているのは，きわめて近代主義的な学問スタイルであり，それはヨーロッパを起源として，アメリカ主導で世界的なものとなっている．ある意味で科学技術のスタンダートとは，つまりきわめて「地域的（parochial）」なものであった．それが世界化しているので，みかけの普遍妥当性をクレームしているのである．

　これは人類学などで問題とされてきた「現地人情報提供者（local informant）」や「現地人人類学者（indigenous anthropologist）」の問題でもあるだろう．逆にいうなら「当事者性」が問われる問題であったり，記述についての対象・主体（object/subject）の問題であったりする．すでに「視線の権力性」という指摘は，大きな議論を呼んできている．東アジアのSTS研究者が何をするにせよ，ついて回る問題であるだろう．

　だがSTSはそれ自体が生み出してきた知に対して「反射的（reflective）」であるはずだ．STS自体の文脈依存性・状況決定性はどのようにして得られるのだろう．STSは科学技術を社会のなかにおいて考えてきた．いうならば，科学技術の社会的な文脈化の可能性を追求してきたといっていいだろう．その社会とは，知識生産の現場であったり，政策決定のプロセスであったり，また市民との界面であったりした．それらはすべて，ある国家や地域的な文脈，もしくは特定の歴史が形成してきた文化のなかにおかれている．

　となると「場」の重要性を言い立てるのはそれほど奇異なことではない．たとえばラボラトリー・サイエンスとは，知識生産の場の政治性・社会性，そして文化性を検討したものだった．科学の人類学（B. ラトゥール）や科学の地理学（D. リヴィングストン）などをことさら言い立てるまでもなく，すでにさまざまな試みがなされてきた．シャローン・トラヴェークによる日本の高エネルギー物理学についてのフィールドワークがSTSの重要な仕事である（Traweek 1992）．これは東アジア「について」，そして同時に東アジア「で」行われたSTSである．

3.1.2 言語的規定性や文化の問題

東アジアで STS を構想するときに，言語的規定性と固有文化の関係について問題ではなかったことがないことも，忘れてはならない．ここでは *EASTS* 誌によるジャーナル・アプローチを中心にみてゆこう．

EASTS 誌が刊行された当初，多く聞かれた批判は，この雑誌は「英語」であるということだ．英語帝国主義とまではいわないのだが，台湾ベースで日本と韓国の研究者が中心となり，英語でジャーナルを刊行する際，蓋を開けてみると（日本以外では）アメリカでの Ph.D. 取得者が主流であり，しかもフルブライトやロックフェラー，フォードなど，アメリカ系財団からの支援を受けていた者も多い．となるというまでもなく，アメリカによる東アジアでの知識人懐柔戦略に乗せられているとまではいわなくても，環太平洋域の不沈空母での現地協力者の一味であるとの指摘もまったく当たっていないわけではない．

そうではあっても，英語というのは歴史的・文化的に，すでにして致し方ない，ほぼ唯一の共通のコミュニケーション言語である．植民地的文化のもとでそれを逆手にとって，分断を余儀なくされた複数の被抑圧民族が連帯するために「抵抗のツール」として英語を採用したのだといえなくもない[19]．

一昔前なら，漢字による筆談というのが，東アジアのスタンダードでもあった．書き言葉（フォーマル・スタイル）における共通性の存在，古典（『四庫全書』などでスタンダード化やアップデートがなされてきた漢籍）の共有というのは，中国文化圏が文明圏であることを示し，それがまさに文化圏たる所以であったのだろう．だがそれは，南北朝鮮におけるハングルの採用と全面的な展開で，すでにコミュニケーション・ツールとしての文化的効力を失っている．さらにベトナム，モンゴルや，チベット，ウイグルで文化的な権威による象徴的な統治がほぼ失効して直接的な実力統治が行われている．日本における漢籍教養体系の崩壊に伴う古典語彙の急速な変容などをみても，漢字文化の権威による冊封体制的な文治（文明的統治）や，それに伴う知識人社会の構成という意味合いは，東アジアのほぼ全域においてすでに失われていることは残念ながら事実である．

ではたとえば，日本語で書かれた STS は，日本語読者にのみ，理解が可

能なのだろうか？　必ずしもそうではないだろう．だが日本語から他の言語（英語が想定されがちだが，英語は，単に1つの言語である）に置き換えようとするとき，必ず特別な「翻訳」の努力が必要となる．それは個別の意味の説明であったり，またそれぞれの制度や社会が規定している細々とした慣習の翻案だったりする．

　では韓国語で書かれたSTSはどうだろう？　韓国からは優れたモノグラフが多く生み出されている．たとえばファン・ウソク（黄禹錫：Hwang Woo Suk）問題をはじめとする研究不正の問題（"The Hwang Schandal that 'Shook the World of Science'," *EASTS*, 2(1), 1998）や韓国のハイテク産業の問題（"Politics of Technoscience in Korea," *EASTS*, 8(2), 2014），また韓国で盛んな「美容整形」をめぐる問題（So Yeon Leem, "The dubious Enhancement: making South Korea a Plastic Surgery Nation," *EASTS*, 10(1), 2016）などであり，ある種の「当事者研究」でもある．これらは植民地遺制と南北分断状況下でアメリカ主導のアカデミズムが形成されたプロセスや，韓国ナショナリズムと家父長制，引きつづく冷戦下での徴兵システムなど男権主義的（マチスモ）文化やそれに抵抗する力強い対抗文化が存在する現代韓国をめぐる重層的な文化的規定性を考慮にいれないと理解できないことがある．韓国社会に広がるポップカルチャーの隆盛は軍事政権下のジャーナリズム弾圧のある種の反動的所産ということができるだろうし，若年層で広がる「美容整形」の問題やメディカル・ツーリズムなどについても，広義のコリア・ディアスポラの存在や過剰ともいえる市場的商業主義などへの文化的な理解なくしては整理しきれない問題である．

　さらに多言語状況におけるSTSの共通理解の促進も，ジャーナル・アプローチでは試みられた．その好例は書評である．中国語・韓国語・日本語で書かれた各文化圏でのSTS関係の本について，英語で書評する，というのがそれである．また各言語による優れたSTSの論文を，英語に翻訳するというシリーズものも試みられた[20]．

3.2　冷戦の終結と東アジア STS の制度化，ネットワークからジャーナルへ

　東アジア地域での科学技術について，それを共通のアカデミックな研究対

象として検討してきたのは，とりもなおさず科学史家たちであった．ニーダムがそのチャンピオンであった．ケンブリッジの泰斗ニーダムは，世界中から彼の協力者を糾合して，彼の大部の叢書を刊行してきた．応時綺羅星のごとき世界中の学者がニーダムの下に参集し，彼のプロジェクトを支えた．

彼の仕事を軸にした学会（International Society for the History of East Asian Science, Technology and Medicine：ISHEASTM，東アジア科学技術医学史学会）も設立されて，2019 年には第 15 回の国際大会（International Conference on the History of Science in East Asia: ICHSEA，東アジア科学史学会）を韓国・全州で開催の予定である．1996 年から学会名が「中国科学史」から「東アジア科学史」に変更されたことも重要な転換である．ちなみに韓国では，「韓国の科学と文明」という大きな出版プロジェクトも動き出しており，活発な活動が展開されている．

また学会誌（*East Asian Science, Technology and Medicine; EASTM*，東アジア科学・技術・医学史）も創刊され，現在まで継続しており，最新号は 48 号を数えている．*EASTS* 誌ときわめて似たタイトルをもつだけではなく，いわば STS の基礎部門にあたる歴史研究を中心とした雑誌である．筆者は両方のジャーナルの編集に参画しているが，他にもモリス・ロー（Morris Low），ファーティ・ファン（Fa-ti Fan）など，両方を兼務しているケースも複数みられる．

日本でニーダムの流儀をより現代史に引き付け，東アジア独自の展開をなしていたのは，日本の STS の開祖の 1 人である中山茂である[21]．ニーダムをもってしても冷戦の壁は高かったが，ニーダムグループの第 2 世代と呼ばれる中山，韓国の全相運（Jeon Sang Woon），アメリカのネイサン・シヴィン（Nathan Sivin）らが多くの努力を払って東アジアの科学史研究のための交流の場を作ってきた．鉄のカーテンのもと，このような学者の知的・文化的な交流は続けられ，ISHEASTM による国際会議 ICHSEA，雑誌 *EASTM* は，どちらも東アジア STS を生み出す土台となっていた．

そして東アジアの STS ネットワークが形成されたのは，冷戦崩壊以降の東アジアの状況のなかでのことである（Tsukahara 2007; 2018）．東アジア STS は韓国・台湾での民主化運動の結実（1987 年）と深い関係がある．ま

た冷戦崩壊以降の東アジアにおけるアカデミアの対話と成熟の努力の結果であると考えられる.

　日本国内では中島秀人らによる STSNJ（STS Network Japan）の発足（1990年）があり，その国際化への試みがなされていた．ここでは1998年に開催された，幕張・広島での STS 国際会議が重要なメルクマールとなっている．中島は STSNJ が1990年に発足したときに組織代表を務めた．これに塚原東吾らが加わり，1998年には「科学技術と社会に関する国際会議」（東京・広島・京都）を企画した．中島がプログラム委員長となり，藤垣裕子の協力も得て日本初の STS の国際会議を300名以上の参加で成功させた．その成果として2001年に科学技術社会論学会が，小林傳司を会長として発足した．中島，藤垣はその会長を歴任している．2002年には，金森修・中島編著『科学論の現在』（勁草書房）が刊行され，STS の理論的枠組みを提起した．また藤垣による『科学技術社会論の技法』（東京大学出版会）は2005年の刊行である．

　そして同時に，東アジアでも STS を組織化することに対する声が上がり，具体的な動きが伴ってきた．そのようななかで2000年7月，北京での国際会議で，それぞれの研究コミュニティを代表する宋相庸（ソン・サンヨン：Song Sang Yong）（韓国）・曾国屏（ゼン・グオピン：Zeng Guo Ping）（中国）および中島の間で，東アジアで STS 研究者の交流を高めようという合意文書が交わされる[22]．この段階では3者によるあくまでボランタリーなものだが，東アジアの STS に関するコミュニティが，それぞれにホストしながら，連携を強めようというイニシアチブである．これらと並行して，塚原と中島は国内でも東アジア STS への協力連繋チームを構築し，東アジアSTS ネットワークという名のもと2000年以来，総計13回の国際学術会議を東アジア各地で開催してきている．（それぞれの開催年と開催地は註23）を参照．）これがネットワーク・アプローチであり，ジャーナルの刊行に先んじていたものである．

　これらの活動をベースに，ジャーナル刊行の機運が高まる．台湾の傳大為（フー・ダーウェイ：Fu Daiwie）を中心とした東アジア STS ジャーナル，*EASTS* 誌の刊行が2007年である．（これについては後述する．）

東アジア STS ネットワーク会議開催の一覧表から読み取れるように，2009 年以降，開催は不定期である．これにはいくつかの要因が考えられる．まずは 2007 年の *EASTS* 誌の創刊によって，ジャーナルの企画をベースにした国際会合が頻繁に開催されるようになったこと，また 4S の席上や，ニーダム創設の ICHSEA で，意見交換が行われるようになる．また 2010 年には，東京大学の藤垣を実行委員長として STS の国際組織 4S の年次大会を科学技術社会論学会と合同で開催し，1,000 名規模の国際会議が成功を収めた．このような国際的な STS コミュニティとの連携が可能かつ頻繁になってきたことも，東アジア STS ネットワークそれ自体の歴史的任務が変容してきたことの理由となっている．

3.3　ネットワーク・アプローチの変容による並存の試み

　ジャーナルや他の会合が増えたおかげで，このネットワークの存在はある種の発展的な展開を迎えた．そのためこれらによって代替を得たことで，ネットワークはここでいったん，歴史的使命を終えたかの印象をもたれたかもしれない．だがここで中島と韓国の洪性旭（ホン・スンウック：Hong Sungook）は，東アジアの STS 学会の連携団体（Association）の必要性を主張するに至っている．洪が 2017 年に提起したのは，「ネットワークをより制度化し，これは東アジアの STS 学会や協会の連携団体とするべきだ．そうすることによってこれまでのネットワークは「東アジア STS 学会アソシエーション：AEASTSS（Association of East Asian STS Societies）」としたい」というものだった．日本の STS 学会も理事会レベルでこの学会連合に参加する方向を了承している．ネットワークがこのような学協会の地域連携組織になってゆくことは，新たな段階の交流と発展の機能をもつものと思われ，ジャーナルでのアプローチと並行した発展が望まれる．

3.4　東アジア STS の転換点──2007 年

　東アジア STS の制度化とその際の議論の流れをみていくうえで 2007 年は転換点であったといえる．2007 年はジャーナルの創刊の秋であり，傅大為が，東アジア STS についての明確な「位置付け（ポジショニング）」を，創刊号

で示しているからである．またその年は，神戸と大阪で東アジア STS ネットワーク会議が開催された[24]．このネットワーク会議は東アジア STS に関するほぼすべての主要な要素が詰まっている（最後の）時代のものである．折しも日本では藤垣による『科学技術社会論の技法』が 2005 年に刊行され間もない時期でもある．ここでいう主要な要素とは，東アジア STS のキーパーソン，アクターたちが出そろったという人的要素に並行して，リスク論やコミュニケーション論志向の STS，東アジアの科学史や文明論的アプローチ，ジャーナルの刊行，ネットワークの制度化に向けた努力，韓国・台湾の社会運動と STS の関与，中国の新興の STS の性格，などさまざまな特色が現れていたということである．

この第 7 回東アジア STS 会議のプログラムをみるなら，韓国の科学史家でソウル大学の洪性旭（初代の *EASTS* 副編集長の 1 人）と，後に *EASTS* 誌の第 3 代目の編集長になる郭文華（クオ・ウェンファ：Kuo Wen Hua）らが同じセッションで発表していることをはじめ，キム・ファンソック（Kim Huang Sook）はファン・ウソク問題について検討している．これは *EASTS* 誌での特集号（vol. 2(1)）になっているし，後の小保方問題など東アジアでの研究不正問題を考えるための特集号[25]の先駆けともなっている．またこの会では，塚原が組織した東アジアでの植民地帝国大学についてのセッションも 2 つある．ここでは台湾の雷祥麟（レイ・シーン・シャンリン：Lei Sean Hsiang-Lin），李尚仁（リー・シャンレン：Li Shang-Jen），日本から慎蒼健，加藤茂生らの発表があった．これは創刊第 2 号の特集号となっている．

この会議で特徴的なのは，当時東アジア・コミュニティにとっては新興STS と考えられた，中国からの参加者たちの発表であろう．張明国（チャン・ミングオ：Zhang Ming Guo）は「STS の視点からみた中国における西部の大開発」というテーマで，チベットやウイグルなどの開発への STS 的な貢献を論じている．また瀋陽の東北大学からの马会端（マ・ソィダン：Ma Hui Dan）と陳凡（チェン・ファン：Cheng Fan）は「東北 3 省の科学人材の役割」を論じ，中国の経済発展のなかで「科学技術論のあらたなパラダイム」を提案している[26]．

ここでわかったのは，中国で営まれるSTSとは，いわゆる「西側」や，「防共防波堤」のこちら側で実践されているような，科学技術批判というメンタリティや対抗的な社会運動に根差したものではなく，むしろ共産党主導の開発主義のもとでの政策推進を目的としたものが中心になっていることである．東アジアの多様性を思い知らされたというなら，たしかにそういうことだと思われ，中国のSTS研究者が，これまでのSTSに対して「新たなパラダイム」を自称するというなら，まさにその通りなのであろう．現時点で振り返ってみるならば，この2007年の東アジア・ネットワーク会議は，そういうことを痛感させられる場ともなっていた．中国でのSTSは，イデオロギー的には国家レベルの「自然弁証法研究会」の枠内に位置付けられていたことも，大きな発見であった．中国からのデリゲーションには思想担当の党幹部も同行していたことも印象的であって，そのようなことを含めて，この会がある種の貴重な学びの場となったことはいうまでもない[27]．

　大阪大学の小林傳司と平川秀幸は東アジアの科学コミュニケーション[28]についてのセッションを組織化している．ここで発表している台湾大学の周桂田（チョウ・クェイティエン：Chou Kuei-Tien）は，ドイツのウルリッヒ・ベック（Ulrich Beck）のもとで博士号を取得しており，東アジアを代表するリスク論者である．またこれに関連して台湾の林宜平（リン・イーピン：Liu Yi Ping）（現在陽明大學・科技與社會研究所・副教授兼所長）はRCA（Radio Corporation of America: アメリカ系の家電企業）の健康被害について発表を行っている．この問題は台湾でSTSが社会運動と連携し，被害者救済キャンペーンや裁判闘争に加担して大きな成功を収めた例である[29]．

　この会議ではビジネス・ミーティングも重要だった．2つの提起がなされている．1つ目は台湾の傳大為から，東アジアSTSに関するジャーナルを創刊することについてと，そこに協力を要請したいというものである（これは次節で詳しく論じる）．そしてもう1つは，中島からの提案で，東アジアのSTSの組織化を進め，ヨーロッパのEASST，アメリカの4Sに匹敵するものを将来的に（このとき，中島は「近いうちに」ということで，2010年を目標と設定していた）立ち上げるべきだという提言である．またこの席では

中島から，2010年に4Sを日本で開催する可能性が高いことも，東アジアSTSの同僚たちに伝えられていた．東アジアSTSについてのジャーナルについてはここから詳述するが，中島が東アジアのSTSの連繋を制度化すべきだと，このころから主張していた一貫性には注目すべきである．これは前述したように，「ネットワーク」で培われた関係性を，東アジアの学会連合（アソシエーション）にしようという動きに連なっている．

　以上，まさに筆者の管見ではあるが，これらが2007年の東アジアSTSの声であった．ある意味で，「役者が出そろった」のが，この時点だろう．このような多声的（ポリフォニー）状況のなかで，2007年にジャーナル創刊のための「位置付け（ポジショニング）」を行ったのが，台湾の傳である．傳のポジショニングペーパーは創刊号に掲載されている．本章での議論は，刊行されたものからの引用とする．

4. 東アジアSTSジャーナル──そのポジショニング（位置付け）の宣言（2007）

4.1 東アジアSTSジャーナルの概要

　*EASTS*誌は2007年に台湾の文化部（日本の文科省にあたる）の支援を受け，シュプリンガー社から季刊（年4回刊行）という契約で，台湾のSTSメンバーが主唱し，傳を編集長に，台湾の呉嘉玲（ウー・チャリン：Wu Chia-Ling次代の編集長），韓国の洪性旭，東アジア外（Outside East Asia）のウォーリック・アンダーソン（Warwick Anderson），そして日本の塚原の4名を，地域代表を兼ねた初代の副編集長にして発足したものである．

　現在の編集長は3代目の郭文華となり，出版社はアメリカのデューク大学出版会になっている[30]．2018年には社会科学サイテーション・インデックスにも（SSCIとA&HCIの2つに）リスト化され，国際学術誌としてのプレステージは，着実に上がってきている．さらに全米科学論学会（4S）でのSTSインフラストラクチャー・アワードを受賞するなど，アカデミアでの認知を獲得してきている．

4.2 傳のポジショニング・ペーパー（2007）——ラトゥールの実践的な超克

傳は *EASTS* 誌創刊号の巻頭，ポジショニング・ペーパーと題した論文（Fu 2007）で，東アジアでSTSを研究することの意味を論じている．それは欧米（もしくは西側：the West）で理論化されたSTS，たとえばSSK，SCOT，ANTやサイボーグ・フェミニズムなどを東アジアに単に移植することだけなのだろうか？　東アジアのSTSとは，東アジアを対象とした地域研究と何が違うのだろう．

ここで傳はまず，東アジアSTSはより多くの自由な展望と知的空間を保つことが可能であるだろうとしている．傳は台湾の技術史が西側の技術だけに着目して，台湾の名もない（Ph.D. もない，「手を汚して dirty hand（仕事をする）」）エンジニアによる「模倣，もしくはコピー」のもった意味を無視していることを嘆く研究に言及している[31]．そのうえで，東アジアのSTS研究者が社会的実践について強い関心をもっていることは「リアル（現実）」であり，いわゆるイノベーションの大きな語りを避けなければならない理由を分析している．それは東アジアの「諸地域・諸国での特性」というものにこだわらざるを得ないことと関連する．われわれはグローバルな時代に生きており，ある種の技術はグローバルに「旅をする（travel）」[32]という見方にそれは典型的に表れる．そうであるならば，われわれのポストコロニアルな科学技術研究の時代に，東アジアのSTSはどこまで，ポストコロニアル，新植民地主義的支配，依存関係，そして中心・周辺関係といった問題に関わらなければならないのだろうかと傳は問題提起をする．

この問題はすでに2年前にこのジャーナルの創刊を構想したころから考えられた点である．東アジアでは日本の植民地主義とその科学技術についての経験が，冷戦以前に歴史的に共有されていた．このような観点が，東アジアジャーナルのなかで共有の基盤となれるかどうか考えてみた．もしそのような特定の歴史的経験があるのなら，東アジアのSTSは，西側のSTSの観点を，東アジアの地域研究に，単にあてはめたものであるものとは異質な観点を出しうるというのが傳の見解である[33]．

さらに傳は脱領土化などポストコロニアルな問題構制の言説について論じ

ている．なぜなら思想的・概念的に東アジアSTSはどのように識別できる
のかという問題は，実は単純ではないからだ．西欧のSTS，そして近年の
ポストコロニアルなテクノサイエンス研究では，東アジアのSTSを際立た
せるようないくつかのアイディアが出てきている．たとえばB. ラトゥール
はすでに長いこと，啓蒙された近代と前近代の間に「区分」があると想定さ
れていることに対して疑義を投げかけている．だから1991年には「われわ
れはまだ近代化されていない」と宣言している．彼の立場にたつなら，多く
のローカルな実践はどのように普遍的な法則と結び付いているのかという問
題に解答するためには，ANTの手法そのままに，トランス・ローカル・ネ
ットワークによるものであることになる．つまり「広範囲のネットワークも
すべては狭い範囲の（ローカルな）ネットワークにとどまっている」という
ことに訴えかけることで得られる．だからラトゥールにとっては啓蒙や合理
性が近代と前近代を区分する代わりに，距離の違いのある2つのトランス・
ローカル・ネットワークの問題に置き換えられると考えられる．

　傅によると，多分に日本は（近代化の歴史，科学技術の定着が他の東アジ
ア地域より早いので）そうでないと思われるが，中国的・儒教的な自然理解
があるとされる伝統的な東アジアへの見方は，このような大いなる「区分」
をなぞらざるを得ないものとなる．だが歴史のなかで東アジアの各国はさま
ざまな要素を西欧近代から選択し，また自らの文化の悪しき要素を放擲して
きた．であるから東アジアのケースは，ラトゥールがいうような近代と前近
代の間には裁然とした区分がないことなる．だからわれわれの疑問は，ラト
ゥール的な「区分がない」というテーゼは，東アジアSTS研究にとって問
題となるのだろうかということになる．逆にいうなら東アジアSTS研究は，
ラトゥール的な反区分テーゼと異なるのか，平和的に共存できるのかという
ことになる．傅の主張はここでは直截である．ラトゥールなら，彼が人類学
者たちに「熱帯から帰ってきた」という感覚や，「余白にとってのつむじ曲
がりな味わい（perverse taste for margins）」を許さなかったように，西欧
のSTS研究者に，「東アジアから帰ってきた」という感覚や，東アジアの
「つむじ曲がりな味わい」を許させないと説得するのだろうか？

　次に傅があげる例は，ウォーリック・アンダーソンが議論するような，

（これはまたロイ・マクロード（Roy MacLeod）やマーシャル・サーリンズ（Marshal D. Sahlins）もだが），「中心」や「周縁」という使えない分析枠組みを捨て去ること，また中心周辺モデルもやめることで，その代わりに，知識や制度の相互交通や関係性の認識をもつべきだということである．この傳の主張は，ポストコロニアル研究が論じているように，中心・周縁やメトロポール・コロニーなど，そのようなカテゴリーを本質化することを避けるべきだという主張と呼応する．

このことを東アジアのSTSについて考えてみたい．20世紀の東アジアの科学技術についての歴史的経験は，日本やその他の列強による植民地主義や冷戦期のアメリカによる，まさに「中心・周辺」関係によるものだった．それを放棄するというのは，どういうことになるのだろう．このモデルを捨て去ることは，中心と周縁の厳密な二分法や，（本章ではすでに文明論のところで論じておいたのだが），科学技術の「拡散論」を避けるという意味では有益だろう．しかしそれ以外にも，より洗練された中心・周縁を関係付ける議論，たとえば世界システム論や従属的発展論，さらにさまざまな支配と従属，さらに抵抗についての理論もある．それらすべてを捨て去るわけにはいかない．そのうえ，もしグローバルでトランス・ナショナルな権力・知識の依存関係が再解釈されトランス・ローカルなテクノサイエンス・ネットワークの長さの問題に縮減されたとしたら，それでは東アジアSTSの歴史的・地理的な境界に見られる一義性が失われてしまうのではなかろうかと傳は述べている．

では，東アジアをとるのか，もしくはそこは「脱領土化（de-territorialization）」されるべきなのか？

近代と前近代の間の大きく厳密な区分（rigid great Divide）を拒否したとしても，ラトゥール主義者は，コロニアルそして冷戦の歴史のうえに築かれてきた東アジアには一連のネットワークがあることは認めるだろう．そのようなコロニアルや冷戦の歴史的経緯を経てきたことは，東アジアには知識や信念を生産する特定の前近代的な方法があるなどと想定しなくても，東アジアが特定の領域であることを示すのに十分なことである．そのうえ，ラトゥールも認めるように，一般により長いネットワークは，より短いネットワー

クを支配する．そのように考えるなら，ラトゥールは，中心周縁という問題構制に対して，ある種の「ネットワーク・モデル」を提示していると考えていいのだと思われると傳は論じる[34]．

またネットワーク間の権力や支配の問題に加えて，同様のネットワークの結節点，もしくは「ローカル」の間でも，同じような権力の問題が存在する．アクター・ネットワーク理論の観点からは，ラトゥールは本質主義の問題を避けようとして，テクノロジー・ネットワーク，もしくはテクノロジー集合体（technology collective）において，いかなる「本質としての」もしくは「依存する」ような「ローカルなるもの」も，想定していない．そうではあっても，すべてのローカルを単一の集合体であり，同様の権力をもつものであるとして扱うことはできない．

しかしポストコロニアル研究が本質化を避け，権力の差異化を否定しないならば，いわゆる「反動（反対）モード：reaction-mode」（本質化や，恒久的で厳密な中心周縁の二元論に反対するもの）にとどまることはできない．そうではなく，権力の差異化や，権力の支配がローカルに働くやり方についての新たな分析を行い，同時に柔軟な中心周縁のネットワークのなかでローカルでの抵抗と支配が接続する多くの場合を統合しなくてはならなくなる．ラトゥールがいうような長いネットワークと短いネットワークについても，既存の社会連繋を再編しそのスケールを拡大するためにも多くのハイブリッドを付け加えることがよいスタートポイントとなる[35]．

以上の観点から，東アジアのSTSというのは，概念的に成立し得るし，ポストコロニアルな詳査の対象になり得るというのが，傳がここで行った「ポジショニング」である．*EASTS*誌としてのスコープはかくのごとく保持され得るものであり，また安定的で，ポストコロニアルな非本質主義的で脱領域的な批判的な立場にも耐え得るものであると傳は力強く宣言して，このジャーナルが世に出たのである．

このポジショニング・ペーパーに合わせて，傳大為，中島（日本），ファーティ・ファン（Fa Ti Fan 台湾・米国），洪性旭（韓国）ら東アジアSTSに関与する主要論客の間の議論が，*EASTS*誌を中心に展開された．これに関しての塚原の切り口としては，歴史的ケーススタディとして，創刊第2号

で傅の立場を科学と帝国主義の側面から検証した[36]．ここで提起したのは，東アジアにおける科学技術の歴史性，植民地における科学技術と日本帝国主義に特異な「植民地帝国大学」の制度化，そして〈帝国〉の視線などをどのようにとらえるかなどといった問題である．

5. 最近の STS をめぐる議論——Law and Lin

2015 年に *EASTS* 誌でラトゥール問題を特集した際のゲストエディターの 1 人であったジョン・ロー（John Law）は，いわゆる「西側 STS」のシニアな理論家として知られている．いわゆる STS のエスタブリッシュメントであり，アクター・ネットワーク理論の最も初期からの提唱者である．共著者のリン・ウェンユエン（Lin Wen-yuen 林文源）はイギリスでローに博士論文の指導を受けた台湾 STS コミュニティのメンバーであり，現在は台湾の新竹大学に所属している[37]．彼らは共著も多く，*EASTS* 誌に多くの論文を発表している．

そのローは，2015 年に 4S のバナール賞を受賞している．その 11 月，デンバーでの 4S の席上でのスピーチ[38] を行ったが，これが大きな議論の的となった．

そのスピーチの内容は，いわゆる受賞スピーチのスタイルを踏襲し，それまでの業績（アクター・ネットワーク理論）をまとめたものではなく，あらたに「非西欧（non-Western）」というコンセプトを STS の分析ツールに使うとはどういうことかについての提唱を行うものであった．

この問題を受賞スピーチであえて取り上げたことは高く評価しておきたい．だがここで発せられたローの見解は，（主に台湾の）STS に対する違和感が示されたものであった．また「Chinese Inflicted STS（中国語的に屈曲した STS，華文 STS）」という概念で，欧米発の「STS 理論」と，東アジア（主には台湾）の STS の「ケース・スタディー」の間にある齟齬や軋轢を論じようとするものであった．

これはその後，かなりの議論を巻きおこすことになった．台湾 STS コミュニティのメンバーとは，何回かのディスカッションの場がもたれており，

また *EASTS*, 2017, 11 (2) では小特集としてこれらの議論に参加した呉嘉玲，ジュディス・ファーカー（Judith Farquhar），ウォーリック・アンダーソン，陳瑞麟（チェン・ルェイリン：Chen Ruey-Lin）らの論考が掲載されている．

　ここで日本からは大阪大学の森田敦郎が「方法としてのアジアは，なぜまだ問題となるのか」という副題をもつ論考[39]を提起している（Morita 2017）．そこでは日本でのアジア学は竹内好などによる「方法としてのアジア」などの議論を経てきていることを踏まえ，いまさらながらにローがそのような論議ももち出していることに驚くとともに，なぜ「まだ」というところに力点をおいて論じている森田は，ローとリンの提起に対する対応としては出色である．

　ローとリンは，その後，再度この議論をまとめた論考を掲載している（Law and Lin 2019）[40]．それはそれで面白いが，どうも，いまさらながらの議論というところがなくもない．それでもある意味，東アジアという課題に接した「西側」の理論家がいいたいことをいう，いわば「ガス抜き」的なものでもあったのだろう．台湾の STS コミュニティのメンバーがローとリンの見解に猛然と反発していたが，むしろ森田による論文が，なぜ「まだ」このようなことが問題化されるのか，という点について，より焦点を絞って議論をしており，ローとリンの分析がこれまでの繰り返し（蒸し返し）に近いものであったことを冷静にとらえている．

　もちろんそうであっても，このような形で「西側のエスタブリッシュメント・シニアの研究者」からある種の注目を受けること，そしてこのように上手に対応してガス抜きをさせて，取り込むだけのキャパシティーが *EASTS* 誌にもでてきたのだとみることも可能かもしれない．というのはつまり，そのような余裕をもてるようになったということだ．このように東アジアの STS をめぐっては，「一言居士の西側のシニア」を手玉にとりながら，まださまざまな角度からの議論が進行中である．

6. 結語に代えて

　本章では東アジア STS という枠組みはどのように形成されてきたか，現

況がどのようになっているのかを説明してきた．そもそも文明論的な出自をもち，冷戦以降の東アジアのアカデミックな交流のなかで「ネットワーク」が形成され，「ジャーナル」の創刊にいたった様相を示し，また近年の議論の一端を紹介した．

　また本章では，STS について 3 つの枠組みがあることを冒頭で提示した．これに合わせてここまでの議論をまとめるなら，東アジアの STS という文脈について，以下のように，再定式化してゆくことができるだろう．

(1) 東アジア諸国家・諸地域や各文化での科学技術の現実とは，単純に所与のものであるとは考えられない．それぞれの地域での「選択」の結果である．いうならば文明論的に，東アジアは科学技術の選択をしてきた．さらにそれはさまざまな国家や文化圏で，異なる対応をしてきている．これを最近の東アジア STS の成果でいうなら，韓国で急速に広まったデジタルネットワークは，自然に広まったのではない．政策的・経済的な選択の結果であることが示されている．台湾の半導体産業は，特定の経済的・政治的な体制のなかでの企業人の努力と選択の結果，現在の状態を生み出している．また地球温暖化や気候変動も，「自然な」ものであるとはいえないというのが近年の研究成果である．化石燃料，なかでも石炭を選択したのはエネルギー効率の問題だけではなく，むしろ資本回収率の有効性を「選択」した特殊な帝国主義国家における特定の社会階級の判断によると考えていいだろう．

(2) 科学技術がある国家，文化，社会を超え東アジアに来たとき，もしくは東アジアの各地から発信された科学技術が別の地域に移動したとき，それらが別の使い方がされる例にはこと欠かない．東アジアでの科学技術の選択のプロセスは，まさに「誤用論」や「柔軟な適応論」などで論じられてきた．国や文化，社会体制や受容する階層などに応じて，それは変更されうる．もちろんそこには，グローバル・スタンダードを設定しようという大きな流れがあり，それに対してそれぞれの地域主権が争っている，というケースもままみられる．東アジア STS の観点からの分析は，これらのことをよりよく理解するためのツールとなりうる．

(3) 東アジアでの科学と非科学の間の線引きは，各地域で異なるだろう．

それだけではなく，たとえば科学と技術の線引き問題なども，このような境界画定作業に類するものとして浮かびあがってくる．日本には「工学」という領域が大学で早くから成立するという歴史的な特徴がある．これは技術優先，実用主義などで特徴付けられているように，科学と非科学の境界問題と同様に，科学と技術（理学と工学，基礎研究と応用）などの「境界」も，注目すべき検討の対象になってくる．「境界」を問題化するとなると，科学技術の担体である「国家」や「文化」の枠組みも揺らいでくる．民族や統治の正統性も，それが「自然的なるもの」であったり，「国家」の正統性や「伝統」などという言葉で粉飾されても，（伝統は歴史的に「創造」されたものであると E．ホッブスバウムが論じ，国家は「想像」されているものだと B．アンダーソンはわれわれに教えたので），どうも心もとなくなってくる．またいわゆる国家の問題となると「文化的本質主義」への批判は，もう一歩前に進み，「権力」と「知」のぬきさしならない関係に踏みこむことも必要となってくる．むしろここでは，「自然化」という概念総体が問い直されているともいいうる．

　以上のように，現実は所与のものではなく選択の結果であり，どのような選択や制度化の方向性が取られてきたのかについて，東アジア STS ではさまざまな事例を示すことができるだろう．また技術や科学は使い手によってさまざまに解釈されるということについて，東アジアでの科学技術の実践的な「使い手」をみている東アジア STS の研究者たちは複雑に折り重なった層をときはがしている．さらに境界画定作業についていうなら，東アジア STS 自体が境界のはざまで，越境や融合，差異化を繰り返しながら試みられているといえる．

　以上，多様なる東アジア STS の状況を前に，まさに管見にしか過ぎないが，この小論が今後のこの分野をより豊かにすることにつながる一礎になることを切に願っている．

註

1)　東南アジア，インドネシアのSTSについては *EASTS* 誌で特集が組まれている．

2009: "Emergent Studies of Science and Technology, and Medicine in South East Asia," *EASTS*, 3, 2-3; 2017: "Archipelago Observed: Knowledge and Transformation in Indonesia," *EASTS*, 11, 1.

2）　フィリピンでの STS は以下のウェブページなどを参照：https://www.up.edu.ph/index.php/first-science-technology-society-month-launched in upd/

3）　南アジアの STS ジャーナル *Science, Technology and Society*（SAGE）は 1996 年の創刊，現在の編集長は V. V. Krishna.

4）　アジアパシフィック STS ネットワークについては，https://apstsn.org/

5）　ヘッドリクの著作タイトル『帝国の手先：ヨーロッパ膨張と技術』（1989，原題は *Tool of Empire*）；『進歩の触手：帝国主義時代の技術移転』（2005）；『インヴィジブル・ウェポン：電信と情報の世界史 1851-1945』（2013）などからわかるように，科学技術は一貫して帝国の「暴力装置」，もしくは「武器」であるという比喩が現れている．

6）　ここで生み出された科学の特徴は「ガリレオ科学」と定義することができる．その特徴については塚原（2015；2013，とくに 190-1）などを参照．

7）　日本における STS の「開祖」には 2 つの流派があり，それを中山茂と村上陽一郎に見立てたことについては柿原（2016），Tsukahara（2018）．

8）　だが同時にガリレオは「隠蔽する天才」でもあったことはエトムント・フッサールが，ナチに追われた窮状のなかで絞り出すような思考をもって，難解な現象学用語を使いながら解析している（フッサール 1936，邦訳は 1974）し，また近年ではデカルトのトリックを気鋭の経済学者・思想史家であるセドラチェック（2015）なども言及している．

9）　琉球図ではフランス式の測量法で地図作成がされていたことは安里進（2014）が明らかにしている．

10）　これはジョージ・バサラ（1967）が提唱したように，科学はヨーロッパから非ヨーロッパに伝播・波及してゆくという見方．

11）　これは後で説明するがニーダムに典型的なように，ヨーロッパ近代科学はさまざまな文化による自然についての知の集積点として，人類史上の知がすべて収斂していると考えるもの．

12）　ノイゲバウアーは古代バビロニアの粘土板を研究し，多くの数理的・天文学的な知識がそこにはすでに現れていることを明らかにした．さらにエジプトの古代の数学について，いわゆる「リンド数学パピルス（Rhind Mathematical Papyrus）」と呼ばれる各種のパピルス文書を解析して 1926 年に博士論文を仕上げる．その後ナチスに追われアメリカに渡ってブラウン大学で数学史学科を創設するが，そこでアメリカでは新たな協力者を得てアッシリアの楔形文字の数学文献を検討し，さらにコプト暦や紀元 4 世紀ごろのユダヤ暦の研究を行っている．これら古代の数学・天文学の歴史についての厳密な文献資料や出土資料，文字（的な）記録による原典の研究が，ノイゲバウアーの特徴である．彼はストーンサークルやピラミッドなどの残存物件などから類推される天文・数学的な符牒については，それらだけでは証拠不足だとして，古代の知的な所産を再現するものとして採用しなかった．彼は確実な文献的な証拠，「書かれたもの」，精密で厳密な記録のみを通じて古代の知識を再現しようとした．これが考古マニアや古代天文の遺物，ピラミッドなどにロマンを求めるアマチュアとの際立った違いであり，またアカデミックに数学史・天文学史を確立した基盤でもあった（中山 1984 など）．

13)　もちろん，すでに骨の髄まで「近代」の波をかぶった日本のような文化圏において，これをもち出すには，いくつかの初期的な条件や効用限界を付けて，さらに知識伝達という伝統や制度的な面での継承性も考察の範囲に含めてなのだが，それでもノイゲバウアーテーゼは有効であると考えてよいと思われる.

14)　アリストテレス以降で最大の，個人によるシリーズ著作とされているのが，ジョセフ・ニーダム（1900-95）によってケンブリッジ大学出版会から刊行されていた『中国の科学と文明（*SCC：Science and Civilization in China*）』（1954-2015）である.

15)　ニーダムと村上の方法論的な差異については，塚原（2016, 213-5）.

16)　ウィットフォーゲルの議論は，早くから「水利社会」，「中心・周辺・亜周辺」などのキーワードとともに論じられてきた（ウィットフォーゲル 1961）.湯浅（2007）なども参照.

17)　いわゆる「ルネサンスの3大発明（4大発明）」の説をみても，これらが中国由来であったというのがニーダムの説である.20世紀に至るまで多くのヨーロッパ人たちはこれらはヨーロッパの発明であると信じて疑わなかった.

18)　このことは，ニーダムがマルクス主義的ヒューマニストであったことや，エキュメニカルなクリスチャンであったこと，また儒教的な現世主義ではなく道教的神秘主義に科学的知性の探究の芽を見出していたことなどを考えると，ある種の楽天的なユニバーサリズムの発露であったと評定することができる.

19)　実際問題として，東アジア STS ネットワークが機能しはじめて，*EASTS* ジャーナルが刊行されるにあたって，英語が（英語のみが）共通理解のメディアであったこと，その意味で東アジア冷戦以降の対抗的な知識人運動である STS が，東アジアをまたいで「連帯」するための実践的な意味での「抵抗のツール」になっていたことについては Tsukahara（2019）などを参照.

20)　翻訳論文の掲載は，*EASTS*, 3(1)（2009）の Lin 論文など不定期だが数報試みられている.

21)　日本の STS の源流の1つはいわゆる中山プロジェクトであり，『通史・日本の科学技術』などがそれにあたる（Tsukahara 2019）.中山の盟友であった常石敬一による戦争責任の問題なども，重要な STS 研究である.

22)　合意文書は，日本では中島が保管している.

23)　その後の EASTS ネットワーク会議の開催地は，第4回台北 2003 年 10 月；第5回ソウル 2004 年 12 月；第6回瀋陽 2005 年；第7回神戸－大阪 2007 年1月；第8回武漢 2008 年2月；第9回台南 2009 年4月；第10回ソウル 2012 年9月；第11回東京 2013 年 11 月；第12回　北京 2016 年 11 月；第13回ソウル 2017 年 12 月.

24)　全体テーマ「キャッチアップとその後：東アジアの科学技術の歴史から，21 世紀への展望へ」神戸大学（塚原）と大阪大学（小林傳司）の共催（実際は 2007 年1月.日本のアカデミック年次では 2006 年度）.

25)　これは *EASTS* 誌の 2018 年の特集号である.Hee Je Bak as a guest editer, a special issue on Research Misconduct in East Asia（*EASTS*, 12(2), 2018）.

26)　これに対応して政策研究大学院大学の角南篤のグループから東アジアのイノベーションとヒューマンリソースの報告も計画されている.

27)　このことは Li and Lu（2018）でも明らかになる.中国での STS とは共産党のマルクス主義的イデオロギーを科学技術の開発に適合させる政策マシンであって，テクノク

ラシーの推進を自認する立派な御用学問であることが，当事者から余すところなく，そしてなんの衒いも臆面もなく語られている．

28)　北大の CoSTEP からは杉山滋郎らの報告，また当時文科省科学技術政策研究所（現在は大阪大学）の中村征樹はサイエンスカフェについての報告を行っている．

29)　RCA についての最新の情報は，以下の HP など．https://toxicnews.org/2018/02/01/translating-toxic-exposure-taiwan-rca/

30)　バックナンバーや目次などは，https://www.dukeupress.edu/east-asian-science-technology-and-society を参照．

31)　ここで傳が引用しているのは呉泉源の所論である．呉が論じるのは，台湾を含め東アジアの科学技術研究は，通常の「イノベーション研究」や「消費者・ユーザー」といった欧米流の枠組みとは，「質的に異なる」ものとして考えられなければならないということだ．呉のいう「汚れた手」による「明らかな模倣」や「ハードコピー」の過程というのは，くわしく研究するなら，「STS の金の鉱脈」である．それはデヴィッド・エジャーソン（Edgerson 2007）が論じるような「クレオールテクノロジー」，すなわち貧しい世界での新たなテクノロジー，それもメガシティにおいての，を見出すことでもあるという．

32)　技術の「旅（travel）」については後に *EASTS* 誌で以下の特集号も組まれた．*EASTS*, 7(2), 2013. Traveling Comparisons: Ethnographic Reflections on Science and Technology, guest editor Gergely Mohacsi and Atsuro Morita.

33)　実際には，すでに多くの（だが各地の言語で書かれた），個別のケーススタディが現れていて，それらはポストモダンなテクノロジー研究だったり，さまざまな場での伝統文化による近代性への向き合い方（indigenous modernity）のなかでのテクノロジーの問題を扱ったものだったりしている．これらこそが東アジア STS を特徴付ける中心的な研究となると考えられる．それはまたポストコロニアルな科学技術研究が，西側の中心性を隅に押しやり，非西欧科学技術においての伝統的文化の主体性を見直すことにつながる．

34)　さらに傳は，「中心周縁」というモデルをすべて捨て去るかどうか，という問題について，ファーティ・ファンの取った立場はアンダーソンが提起した立場に近いという．ファンによるとポストコロニアル研究とは，「歴史的な扱いをシンメトリカルに扱う．シンメトリカルとは彼らが同等の権力をもっているという意味ではなく，同じ方法論的な用語で分析されうるという意味である．このようなアプローチは，権力の差異の現実を拒否するものではない．そこには支配や抵抗などが存在している．しかしすべての権力関係は，ローカルな接続（もしくは偶発性：contingencies）のなかで発揮されるものである」という．

35)　この点について，ヴィンカンヌ・アダムスとアンダーソンが編纂した *Social Studies of Science* 誌の Postcolonial Technoscience 特集号（2002）に与えた論考は，多くの示唆を与える．アダムスは，世界的な知見力の展開のなかで，チベット医学が，バイオパイラシー犯罪によっていかに収奪されているかを論じている．そこで彼は中心周辺の逆の関係を見出しているが，それに対してサーリンスは中心による支配と従属の現実に注目を払っている．

36)　Colonial Sciences in Former Japanese Imperial Universities. *EASTS*, 1(2), 2007. このときの寄稿者の金凡性，瀬戸口明久，財城真寿美は当時神戸大学で JSPS のポスドク

研究員であり，その後，金凡性はその後 EASTS の書評委員・編集委員などに就任していて，瀬戸口は藤垣裕子とともに 2019 年から副編集長になることが決まっている．

37) たとえば Law and Lin (2018) は孫子の「勢」という概念についての議論を検討したものであり，いわゆるオリエンタリスト的なものであるという印象が免れないものであった．これについてはアジアの伝統医学史の概念にくわしい Judith Farquhar (2017) がくわしく批判を加えている．

38) このスピーチの内容は EASTS, 11 (2), 2017 に収録されたものとほぼ同じである．

39) 森田の議論では，ローとリン自体の「コンテクスト」も検討されている．ローとリンは「中国語的に屈曲した STS (Chinese inflected STS：華文 STS)」という概念を出しているが，それは「西欧が理論」，「その他 (the Rest) は事例研究」という（ローとリンの見解）は浅薄な理解からくる間違いである．森田は「理論」と「ケーススタディ」の間に「乖離（分裂）」があると考えていいのかという疑問を呈している．そういう二分化は意味がないというだけではなく，それ自体おかしい．森田はこのことを，酒井直樹による竹内好三の解釈を使って論じている．またこのような問題意識以前に，日本の STS の嚆矢として，たとえば中岡哲郎の労作群にアクター・ネットワーク理論と同じ問題意識があることを森田は的確に指摘している．

40) Law and Lin (2019) は，東アジアの STS には説明パタンがいくつかあるとしている．東アジアの STS では，「場 (location)」のイメージや，発見のためのプロセスと空間性 (spatiality) について少なくとも 6 つの異なるバージョンがあるという．そこから 2 つの分析のための枠組み（「1 つの世界という世界観 one-world world」と「行為 performativity」）を導き出している．

文献

安里進 2014：「琉球王国の測量事業と印部石」「琉球針図と絵図の精度に関する検証」，平井松午，安里進ほか編『近世測量絵図の GIS 分析』，古今書院．

Basalla, G. 1967: "The Spread of Western Science," *Science*, 156, 611–22.

Edgerton, D. 2007: "Creole technologies and world histories; Rethinking how things travel in space and time," *Journal of History of Science and Technology*, 1, 3–31.

Farquhar, J. 2017: "STS, TCM, and Other Shi 勢 (Situated Dispositions of Power/Knowledge)," *EASTS*, 11 (2), 235–8.

Fu, D. 2007: "How Far Can East Asian STS Go?," *EASTS*, 1 (1), 1–14.

ヘッドリク，D. R. 1989：原田勝正，老川慶喜，多田博一訳『帝国の手先：ヨーロッパ膨張と技術』日本経済評論社；Headrick, D. *Tool of Empire: Technology and European Imperialism in the Nineteenth Century*, Oxford University Press, 1981.

ヘッドリク，D. R. 2005：原田勝正他訳『進歩の触手：帝国主義時代の技術移転』日本経済評論社；*The Tentacles of Progress: Technology Transfer in the Age of Imperialism, 1850–1940*, Oxford University Press, 1988.

ヘッドリク，D. R. 2011：塚原東吾，隠岐さや香訳『情報時代の到来：「理性と革命の時代」における知識のテクノロジー』法政大学出版局．

ヘッドリク，D. R. 2013：横井勝彦，渡辺昭一訳『インヴィジブル・ウェポン：電信と情報の世界史 1851–1945』日本経済評論社；*The Invisible Weapon: Telecommunications and International Politics, 1851-1945*, Oxford University Press, 1990.

フッサール, E. 1974（文庫 1995）：細谷恒夫，木田元訳『ヨーロッパ諸学の危機と超越論的現象学』中央公論社；*Die Krisis der europäischen Wissenschaften und die transzendentale Phänomenologie: Eine Einleitung in die phänomenologische Philosophie*, 1936.

伊東俊太郎 1985：『比較文明』東京大学出版会.

Jami, C. 2012: *Emperor's New Mathematics*, Oxford University Press.

柿原泰 2016：「村上科学論の社会論的転回をめぐって」『村上陽一郎の科学論：批判と応答』新曜社，321-35.

Law, J. and Lin, W. 2017: "Provincializing STS: Postcoloniality, Symmetry, and Method," *EASTS*, 11(2), 211-28.

Law, J. and Lin, W. 2018: "Tidescapes: Notes on a Shi(勢)-inflected STS," *Journal of World Philosophy*, 3(1), 1-16.

Law, J. and Lin, W. 2019: "Where is East Asia in STS?," *EASTS*, 12(1), 115-32.

Li, Z. and Lu, X. 2018: "Reflections on STS in mainland China: A Historical Review," *EASTS*, 12(2), 185-96.

Morita, A. 2017: "Encounters, Trajectories, and the Ethnographic Moment: Why "Asia as Method" Still Matters," *EASTS*, 11(2), 239-50.

村上陽一郎 1971：『西欧近代科学：その自然観の歴史と構造』新曜社.

中山茂 1984：『天の科学史』朝日選書.

ニーダム, ジョセフ 1986：山田慶児訳『科学の前哨：第二次大戦下の中国の科学者たち』平凡社.

Needham, J. *et al.* 1954- : *Science and Civilisation in China*, Cambridge University Press；砺波護ほか訳『中国の科学と文明』思索社，1974-83.

ペリン, ノエル 1984：川勝平太訳『鉄砲を捨てた日本人：日本史に学ぶ軍縮』紀伊國屋書店（中公文庫 1991）.

ラジ, カピル 2016：水谷智ほか訳『近代科学のリロケーション：南アジアとヨーロッパにおける知の循環と構築』名古屋大学出版会；Raj, K. *Relocating Modern Science: Circulation and the Construction of Knowledge in South Asia and Europe, 1650-1900*, Palgrave Macmillan, 2007.

セドラチェック, トーマス 2015：村井章子訳『善と悪の経済学』東洋経済新報社.

Traweek, S. 1992: *Beamtimes and Lifetimes: The World of High Energy Physicists*, Harvard University Press.

塚原東吾 2001：「科学と帝国主義が開く地平」『現代思想』29(10)，156-75.

Tsukahara, T. 2007: "Introduction to Feature Issue: Colonial Science in Former Japanese Imperial Universities," *EASTS*, 1(2), 147-52.

塚原東吾 2013：「〈帝国〉とテクノサイエンス」『現代思想』41(9)，189-99.

塚原東吾 2014：「展望：「科学と帝国主義」研究のフロンティア，ネットワーク・ハイブリッド・連続性などの諸コンセプトについてのノート」『化学史研究』271，281-92.

塚原東吾 2015：『科学機器の歴史：望遠鏡と顕微鏡』日本評論社.

塚原東吾 2016：「村上陽一郎の日本科学史：出発点と転回，そして限界」，柿原泰，加藤茂生，川田勝編『村上陽一郎の科学論：批判と応答』新曜社，202-38.

Tsukahara, T. 2018: "Making STS Socially Responsible: Reflections on Japanese STS,"

EASTS, 12(3), 331-6.

塚原東吾，坂野徹 2018：「『帝国日本の科学思想史』の来歴と視角」，坂野徹，塚原東吾編著『帝国日本の科学思想史』勁草書房，1-20.

Tsukahara, T. 2019: "Legacies and Networking: Japanese STS in Transformation," *EASTS*, 13(1), 143-50.

ウィットフォーゲル，K. A. 1961：アジア経済研究所訳『東洋的専制主義』論争社.

山本義隆 2007：『一六世紀文化革命』(1, 2)，みすず書房.

湯浅赳男 2007：『「東洋的専制主義」の今日性：還ってきたウィットフォーゲル』新評論.

索引

編者・執筆者紹介 （執筆順）

責任編集

藤垣裕子 （ふじがき・ゆうこ） 　　東京大学大学院総合文化研究科教授

協力編集

小林傳司 （こばやし・ただし） 　　大阪大学名誉教授・JST 社会技術研究開発セン
　　　　　　　　　　　　　　　　　　ター上席フェロー

塚原修一 （つかはら・しゅういち） 関西国際大学教育学部客員教授

平田光司 （ひらた・こうじ） 　　　高エネルギー加速器研究機構加速器研究施設特別
　　　　　　　　　　　　　　　　　　教授

中島秀人 （なかじま・ひでと） 　　東京工業大学リベラルアーツ研究教育院教授

執筆者

小林傳司 　　　　　　　　　　　　上記参照

藤垣裕子 　　　　　　　　　　　　上記参照

柴田　清 （しばた・きよし） 　　　千葉工業大学社会システム科学部教授

綾部広則 （あやべ・ひろのり） 　　早稲田大学理工学術院教授

小林信一 （こばやし・しんいち） 　広島大学副学長・大学院人間社会科学研究科長
　　　　　　　　　　　　　　　　　　兼 高等教育研究開発センター長・特任教授

塚原修一 　　　　　　　　　　　　上記参照

塚原東吾 （つかはら・とうご） 　　神戸大学大学院国際文化学研究科教授

科学技術社会論の挑戦　1　科学技術社会論とは何か

2020 年 4 月 17 日　初　版

[検印廃止]

責任編集　藤垣裕子
　　　　　ふじがきゆうこ

発 行 所　一般財団法人　東京大学出版会

　　　　　代表者　吉見俊哉
　　　　　153-0041　東京都目黒区駒場4-5-29
　　　　　http://www.utp.or.jp/
　　　　　電話 03-6407-1069　Fax 03-6407-1991
　　　　　振替 00160-6-59964

組　　版　有限会社プログレス
印 刷 所　株式会社ヒライ
製 本 所　牧製本印刷株式会社

藤垣裕子〈責任編集〉小林傳司・塚原修一・平田光司・中島秀人〈協力編集〉

科学技術社会論の挑戦［全3巻］　　　　　　　　　　A5判・平均256頁

第1巻　科学技術社会論とは何か　　　　　　　　　　3200円

第2巻　科学技術と社会──具体的課題群　　　　予価3800円

現代の日本が抱える課題群は，科学技術を抜きに語れないと
同時に，それだけでは解決できない社会の諸側面も考慮する
必要がある．さまざまな分野と関連するSTS研究を，個別
具体的な課題（メディア，教育，法，ジェンダーなど）ごと
に解説し，その広がりを示す．

第3巻　「つなぐ」「こえる」「動く」の方法論　　　予価3800円

科学技術と社会，研究者と市民の間を「つなぎ」，学問分野
や組織の壁を「こえ」，課題を解決し，今後の問題を防ぐた
めに，STSはどう「動く」のか．科学計量学や質的調査，
市民ワークショップの手法などさまざまな方法論について，
具体例を交えながら紹介する．

藤垣裕子 編

科学技術社会論の技法　　　　　　　　　A5判・288頁・2800円

藤垣裕子

専門知と公共性　科学技術社会論の構築へ向けて　　4/6判・240頁・3400円

石井洋二郎・藤垣裕子

大人になるためのリベラルアーツ　思考演習12題　A5判・320頁・2900円

石井洋二郎・藤垣裕子

続・大人になるためのリベラルアーツ　思考演習12題 A5判・324頁・2900円

山口富子・福島真人 編

予測がつくる社会　「科学の言葉」の使われ方　　　4/6判・312頁・3200円

ここに表示された価格は本体価格です．ご購入の
際は消費税が加算されますのでご諒承ください．